올리브 나무를 키우는 아버지에게
– 에마뉘엘 케시르-르프티

나를 늘 황홀하게 만드는 자연에게
– 레아 모프티

나무의 자리

글쓴이 에마뉘엘 케시르-르프티 Emmanuelle Kecir-Lepetit

프랑스 파리에서 태어났으며, 소르본 대학교에서 문학을 공부했습니다. 현재는 프랑스의 여러 출판사들과 다양한 책들을 펴내고 있습니다. 분야와 시대를 뛰어넘는 재미있고 유익한 교양서를 만들고 싶은 소망이 있습니다.

그린이 레아 모프티 Léa Maupetit

파리에 살고 있는 젊은 일러스트레이터입니다. 레아는 2015년에 ECV Paris를 졸업하고 마티스의 색채와 선을 닮은 밝고 선명한 컬러 작업들을 기반으로 삶과 유머가 가득 찬 그녀만의 스타일을 창조하고 있습니다.

옮긴이 권지현

한국외국어대학교 통역번역대학원 한불과를 나온 뒤 파리 통역번역대학원(ESIT) 번역부 특별과정과 동 대학원 박사과정을 졸업하고, 현재 이화여자대학교 통역번역대학원에서 강의를 하고 있습니다.

나무의 자리

초판 1쇄 2023년 3월 27일
글쓴이 에마뉘엘 케시르-르프티 | **그린이** 레아 모프티 | **옮긴이** 권지현
편집 북지육림 | **본문디자인** 히읗 | **제작** 천일문화사
펴낸곳 지노 | **펴낸이** 도진호, 조소진 | **출판신고** 2018년 4월 4일
주소 경기도 고양시 일산서구 강선로 49, 911호
전화 070-4156-7770 | **팩스** 031-629-6577 | **이메일** jinopress@gmail.com

ISBN 979-11-90282-67-3 04480
ISBN 979-11-90282-65-9 (세트)

ARBRES

d'ici et d'ailleurs

나무의 자리

그곳에 머무는 37그루 나무를 읽는 시간

Emmanuelle Kecir-Lepetit
Léa Maupetit

에마뉘엘 케시르-르프티 글
레아 모프티 그림
권지현 옮김

JINOPRESS

차례

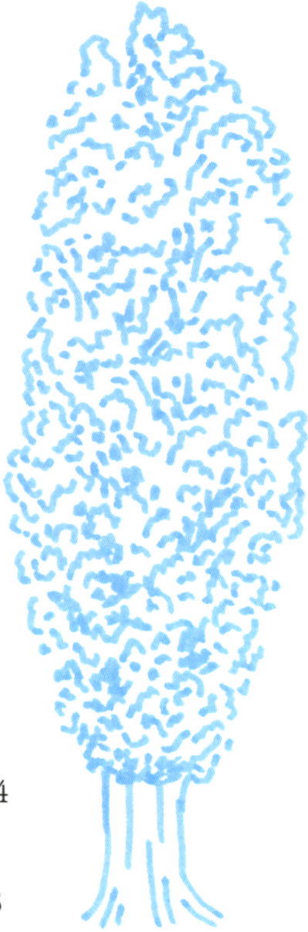

들판과 숲

도시와 정원

황무지

산

나무

나무는 줄기, 가지, 잎으로 이루어진 목본식물이에요.
높이가 평균 5미터가 넘는 아주 특별한 생명체인 나무는 수백 년, 때로는 수천 년을 살아요.

나무가 살아가는 법

나무는 토양에 스며든 수분을 빨아들여서 잎까지 전달해요. 햇빛과 이산화탄소를 흡수해서 양분을 만들지요. 이것이 바로 광합성이에요. 광합성을 하면서 나무는 산소를 내뱉고 수분을 내뿜어서 (인간이 사는!) 주변 환경을 촉촉하게 만들어줘요. 광합성의 결과물인 양분으로 매일 필요한 에너지를 얻고 질병과 포식자에 대항해서 싸워요. 또 생식도 하고 성장도 하지요.

잎은 나무의 태양 전지

어떤 잎들은 강해서 몇 해 동안 떨어지지 않고 가지에 달려 있어요. 낙엽수의 잎은 가을에 시들어 떨어져요. 넓은 잎이 나는 나무를 활엽수라고 불러요. 활엽수는 중위도 지역의 기후에 적응한 나무예요. 겨울에는 휴식을 하느라 성장을 멈추지만 줄기와 뿌리로 계속 숨을 쉬어요.

성장을 한 단계 할 때마다 유관속형성층에서 나이테가 한 개씩 늘어요.

나무줄기: 가장 중요한 기관

나무줄기는 네 겹의 목질층으로 이루어져 있어요. 껍질은 피부와 같이 외부의 공격으로부터 나무를 지키고 나무와 함께 나이를 먹어요. 껍질 밑에 있는 유관속형성층은 성장의 엔진 역할을 해요. 백목질은 부드럽고 축축한데 수액이 흐르는 수관이 지나가요. 심피는 가장 안쪽에 있는 중심축이에요.

성격 있는 나무

나무는 겉모습이 조용해 보이지만 저마다 성격이 있어요. 혼자 있기를 좋아하는 나무도 있고 친구들과 어울리기를 좋아하는 나무도 있지요. 조심성이 많은 나무도 있고 대담한 나무도 있어요. 나무들은 잎과 뿌리로 화학적 신호를 보내 소통하고 서로 도우며 지내요. 또 씨앗이 멀리까지 가서 번식해요.

과(family)

나무는 번식을 위한 전략을 세워요. 어떤 나무는 암수딴몸이어서 암나무가 있고 수나무가 따로 있지요. 또 어떤 나무는 암수한몸이어서 암컷과 수컷이 같은 나무에 있어요. 식물학자들은 나무를 두 종류로 분류해요.

겉씨식물(또는 침엽수)
예: 잎갈나무
번식하는 데 꽃이 필요하지 않아요. 씨가 겉으로 드러나 있어요.

속씨식물
예: 로부르참나무
꽃이 있어야 번식하는 나무예요. 씨앗은 씨방에 들어 있어요(수과, 핵과, 장과, 꼬투리 등). 참나무의 열매는 수과예요. 당귤나무의 열매는 장과이고, 양벚나무의 열매는 핵과예요.

나무는 규칙을 깨는 걸 좋아해요. 특히 나무가 자라는 장소와 나무의 성질을 결정하는 기후를 뛰어넘지요. 자, 이제 들판과 숲, 도시와 정원, 황무지와 산으로 나무를 만나러 가보자고요.

들판과 숲

"어린 풀 사이에서 늙은
수양버들은 뿌리를 잊는다."

_요사 부손

Quercus robur
퀘르쿠스 로부르

로부르참나무

과
참나무과
높이
25~40m
수명
500~1,200년

저 멀리 들판 한가운데 로부르참나무가 홀로 서 있어요. 땅속 깊이 뿌리를 박은 참나무 줄기는 햇빛을 듬뿍 받고 하늘을 향해 튼튼하게 솟아올라요. 성장은 더디고 힘들지만 조금씩 가지가 벌어지며 구불구불 자라요. 가지와 잎이 달린 수관은 성당의 둥근 천장처럼 펼쳐져요. 그리고 수백 년이 흘러요. 폭풍우가 닥치고 번개가 내리치지요. 다치고 갈라진 나무는 그래도 꿋꿋하게 서 있어요. 얼마나 튼튼한 나무인지 위풍당당하게 보여주지요. 옛날에 신을 받들어 모시던 신관들은 로부르참나무를 신성한 나무로 여겨서 나무에 기생하는 겨우살이를 잘라내고 돌보았어요. 가장 튼튼하고 가장 고결한 참나무는 들판의 제왕이에요.

퀘르쿠스 페트라이아와 로부르참나무를 구분하려면 열매인 도토리를 잘 관찰해야 해요. 퀘르쿠스 페트라이아의 도토리는 잎자루 끝에 달려 있고, 로부르참나무에는 잎자루가 없어요. 잎도 다르게 생겼어요.

천하무적

울퉁불퉁한 껍질이 감싸고 있고 섬유 조직도 촘촘해서 번개가 쳐도 끄떡없어요. 곤충과 균류를 물리칠 수 있는 타닌이 나무 전체에 배어 있어요. 그러니까 참나무의 유일한 천적은 나무꾼밖에 없어요.

또 다른 참나무

로부르참나무가 들판의 우두머리라면 숲에서 자주 볼 수 있는 참나무는 퀘르쿠스 페트라이아(*Quercus petraea*)예요. 로부르참나무보다 날씬하고 잎은 겨울에 떨어지지 않고 가지에 매달려 있어요. 하지만 퀘르쿠스 페트라이아와 로부르참나무는 생김새가 많이 닮았어요.

참나무는 2~3년에 한 번씩
타원형의 작은 열매를 맺어요.
바로 도토리예요. 도토리는
수과예요. 도토리 안에는
씨앗이 한 개 들어 있고
녹말이 주성분이에요.
윗부분은 비늘이 덮인 작은 모자처럼
생겼어요. 이 부분을 깍정이라고
해요. 깍정이는 도토리가 자라기
시작할 때 열매를 감싸서
보호하는 역할을 해요.
참나무의 잎은
여러 갈래로
갈라진 것이
특징이에요.
잎은 잔가지 끝부분에
모여 있어요. 가지 전체에
잎이 나지 않기 때문에
햇빛을 골고루 받을 수
있어요.

Fagus sylvatica
파구스 실바티카

유럽너도밤나무

유럽너도밤나무는 홀로 자라는 법이 없어요. 숲에서 늘 친구들과 어울려 성장해요. 처음에는 줄기가 가늘어서 눈길을 끌지 못해요. 밝은 회색 껍질도 아기 피부처럼 매끄럽지요. 하지만 해가 바뀔수록 나무는 기둥처럼 쑥쑥 자라요. 가지는 수직으로 점점 더 높이 뻗고요. 그러다가 운명의 날이 다가오지요. 다른 나무들보다 키가 더 커지는 바로 그날이요. 그때부터 나무는 수관을 부채처럼 쫙 펼쳐요. 이제 혼자서 햇빛과 비를 독차지하지요. 그러면 밑에 있는 나무들은 그늘 속에서 자라요. 그늘이 지니 시원하고 습해서 관목이 자라기 좋아요. 이렇게 너도밤나무는 숲의 주인이 되어요.

과
참나무과

높이
30~50cm

수명
150~400년

너도밤나무의 열매는 부드러운 가시가 돋은 깍정이 속에서 익어가요. 다 익으면 깍정이가 벌어져요. 안에는 각뿔 모양의 작은 열매 2~4개가 들어 있어요. 밤과 비슷한데 크기가 작아요.

인터넷 하는 나무

너도밤나무는 뿌리가 넓게 퍼져 있고 수많은 균류와 연결되어 있어요. 그래서 근처에서 자라는 다른 너도밤나무들과 소통하고 서로 도움도 줄 수 있지요. 큰 나무가 작은 나무에게 양분을 주기도 해요. 건강한 나무가 힘이 모자란 나무를 돌보아요. 나무도 사회성이 있어요.

풍부한 열매

너도밤나무는 참나무와 마찬가지로 2~3년마다 한 번씩 열매를 맺어요. 그런데 열매가 너무 많이 열리다 보니 동물들이 먹고 남아돌 지경이에요. 그래서 남은 것들이 그대로 땅에서 자라날 수 있어요.

타원형의 잎은
구불구불하고
봄이 되면
가장자리에
가는 털이 나요.
잎은 빗물을 받아서
가지와 줄기로 보내는
역할을 해요.
부드러운 초록색
잎은 반짝거려서
햇빛을 반사해요.
수꽃 여러 개가
꼬리 모양으로 둥글게
뭉쳐 있어요. 북슬북슬한
노란 꽃들은 눈에
잘 띄어서 꿀벌이
몰려들지요.
암꽃은 잎겨드랑이에
숨어 있어서 잘 보이지
않아요.

Taxus baccata
탁수스 바카타

서양주목

너도밤나무들이 모인 숲은 어두워요. 햇빛을 받지 못하니 그곳에서 살아남는 나무는 드물지요. 하지만 서양주목은 달라요. 검소하고 참을성 많은 서양주목은 기다릴 줄 알아요. 짧고 주름진 줄기에서 가지가 낮게 뻗어 자라요. 그래서 눈에 잘 띄지 않아요. 하지만 서양주목은 오래전부터 숲에서 자랐지요. 서양주목의 잎을 뜯어 먹으려는 경솔한 동물은 주의하길! 뿌리에서 벗겨지는 적갈색 껍질부터 부드러운 비늘잎까지 독으로 가득 차 있으니까요. 암나무는 가을이 되면 헛씨껍질을 선물로 줘요. 선명한 붉은색 열매인 헛씨껍질이 관목을 아름답게 수놓지요. 하지만 믿어서는 안 돼요. 이 선물에도 독이 들어 있으니까요.

과
주목과

높이
15~20m

수명
1,500~2,000년

새는 서양주목의 소중한 친구예요. 열매를 쪼아 먹고 씨앗을 그대로 내보내기 때문이에요. 이런 방법으로 서양주목이 번식해요.

마법 같아요!

서양주목의 라틴어 이름 '탁수스'에서 '유독성(toxic)'이라는 말이 생겼어요. 이 나무는 죽음과 관련 있어요. 해리포터 시리즈에 등장하는 볼드모트의 마법 지팡이도 서양주목으로 만들었어요. 이 나무의 힘은 바로 파클리탁셀에 있어요. '택솔(Taxol)'이라는 상품명으로 알려진 이 물질은 암세포를 죽인다고 알려져 요즘 인기가 아주 많아요.

보호종

서양주목은 단단하면서도 잘 구부러지는 성질이 있어서 중세에 화살과 쇠뇌를 만드는 데 쓰였어요. 그때 많은 나무가 베어졌죠. 하지만 서양주목의 번식은 쉽지 않아요. 수나무의 꽃가루가 무거워서 멀리 떨어진 암나무까지 무사히 도착하기 힘들어요. 그러니까 서양주목을 베어내면 안 되겠지요?

서양주목은
구과식물이에요. 잎이
뾰족한 바늘 모양이라
침엽수에 속해요.
짙은 초록색 잎은
납작하고 부드러워서
따갑지 않아요.

잎이 가지에 붙어 있게
하는 잎꼭지는 꼬여
있어요. 잎은 긴 가지를
따라 두 줄로 나요.

잎 뒷면은
연두색이고
줄무늬도 없어요.
소나무 잎과 다른
특징이지요.

헛씨껍질은 사실 장과가 아니고
원뿔형의 구과예요. 살이 많아서
먹을 수 있지만(옛날에는 잼으로
만들어 먹었어요) 씨앗에는
치명적인 독이 있으니
조심해요!

Betula
배툴라

자작나무

모험가의 영혼을 가진 자작나무는 주변에 아무것도 없이 드러난 땅을 좋아해요. 자작나무는 두려울 게 없거든요. 추운 바람도, 얼음도, 척박하거나 오염된 땅도 말이에요. 살충제를 뿌린 들판, 공장 지대, 버려진 땅 등 쉽지 않은 환경을 자기 것으로 만들어요. 자작나무는 정복자로서 치열한 삶을 살아요. 은백색에 가까운 홀쭉한 줄기가 쑥쑥 자라고 하늘을 향해 가지가 뻗어 올라가요. 가벼운 잎들이 바람에 흔들리지요. 아주 일찍 꽃을 피워서 꽃가루를 공중에 날려 보내요. 씨앗에는 날개가 달려 있어요. 자작나무는 그만큼 일찍 생을 마감해요. 하지만 자작나무의 삶은 헛되지 않아요. 이미 자손들이 번성해서 곧 부모 자작나무가 정복했던 땅에서 대를 이어 새 숲을 만들 거예요.

과
자작나무과
높이
15~25m
수명
30~40년

은자작나무와 털자작나무를 구분하려면 봄에 새순을 비교하면 돼요. 은자작나무는 종기를, 털자작나무는 털을 가지고 있어요.

흰 갑옷을 입고

자작나무의 껍질은 흰색이라서 햇빛이 반사되어요. 이 흰색의 물질은 줄기를 갉아 먹는 포식자들을 물리쳐요. 껍질이 흰 건 베툴린이라는 성분 때문인데, 베툴린에는 동물을 쫓는 성분과 항바이러스 성분이 들어 있어요. 그래서 껍질을 약재로 사용하지요.

종기와 털

자작나무 중 가장 흔한 것은 은자작나무(*Betula pendula*)예요. 길게 늘어지는 가지에는 종기 같은 것이 나 있어요. 늪지에 사는 털자작나무(*Betula pubescens*)는 털을 보고 구분할 수 있어요. 털은 습기를 흡수하는 역할을 해요.

그림에 보이는
은자작나무의 잎은
삼각형 모양이고 끝이
뾰족해요. 가장자리는
톱니 모양이에요.
가을이 시작되면 노랗게
물들었다가 떨어져요.
열매는 비늘이 있는
원추형의 구과예요. 바람에
날아갈 정도로 가볍고 작은
씨앗을 담고 있어요.
섬유질의 얇은
날개가 달린 열매를
시과라고 해요.

Alnus
알누스

오리나무

강가의 경사진 언덕에 뿌리를 내리는 용감한 오리나무는 가지를 옆으로 뻗어요. 줄기가 갈라져 자라고 가지는 피라미드 형태로 자라요. 더운 여름 사람들이 강가에서 쉴 때 빽빽하게 난 푸른 잎들로 그늘을 드리워주는 게 바로 오리나무예요. 오리나무는 빠르게 성장해서 강가에 길게 늘어선 숲을 이루어요. 비버가 나무를 잘라버리면 어떻게 하느냐고요? 잘린 밑동에서 더 많은 줄기가 마치 꽃다발처럼 새로 올라오니 걱정하지 말아요. 오리나무는 환경적으로 가치가 높아요. 강둑의 토양이 흘러내리지 않게 하고 수온이 올라가지 못하게 막아서 습지의 취약한 생태계를 보호하는 역할을 해요.

과
자작나무과

높이
최대 25~30m

수명
100년

오리나무의 열매는 구과예요. 길이 2~3센티미터인 작고 단단한 원추형 열매는 가지에 매달려 겨울을 나요. 바람이 불면 여기에서 씨앗이 떨어져 나오고, 씨앗은 강둑에서 조금 멀리 떨어진 곳에 가서 싹을 틔워요.

물에 발을 담그고

오리나무는 진흙을 움켜잡을 수 있는 뿌리가 있어서 물속에서도 살 수 있어요. 줄기의 밑부분을 감싸고 있는 두꺼운 코르크층에는 구멍이 숭숭 뚫려 있어서 공기가 잘 통해요. 이 숨구멍을 막을 정도로 수면이 올라오지 않는다면 오리나무는 살 수 있어요.

상록수

오리나무의 뿌리에는 뿌리혹박테리아라는 세균이 있어요. 그 덕분에 공기 중의 질소를 여과시키고 많은 양분을 흡수할 수 있어요. 그래서 양분도 충분히 공급받고 잎도 노랗게 시들지 않아요.

검은오리나무(*Alnus glutinosa*)는
가장 많이 퍼져 있는 오리나무예요.
이 나무의 잎은 큰 타원형이고
가운데가 움푹 들어가 있어요.
가장자리가 톱니 모양인
잎은 약간 오돌토돌하고
전체적으로 반들거려요.
만지면 풀처럼
끈적거려요. 그래서
라틴어 학명에
'끈적끈적한'이라는 뜻인
'글루티노사'라는 말이
붙은 거예요.
보라색 눈도
끈적거려요.
수정된 암꽃
중심부에서
열매가 익어요.
수꽃은 긴 꼬리
모양이에요.
꽃은 잎이 나기 전인
3월부터 피고
5월에는 이미 져요.

Salix babylonica
살릭스 바빌로니카

수양버들

지금으로부터 300년 전에 프랑스의 공원과 정원 환경에 적응한 수양버들은 낭만적인 시인 같은 분위기를 풍기면서도 생명력이 매우 강한 나무예요. 그래서 아주 빠르게 프랑스의 강가를 점령했지요. 독특한 외관 덕분에 멀리서도 금세 알아볼 수 있어요. 작지만 다부진 줄기 때문이 아니라 땅바닥까지 늘어지는 긴 가지 때문이지요. 마치 흘러내리는 눈물 같지 않나요? 하지만 가을이 다 갈 무렵에도 푸르르고 3월이 되자마자 귀여운 새순이 돋아나니 수양버들을 우울한 영혼이라고 할 수는 없을 것 같아요.

과
버드나무과

높이
10~25m

수명
100년

여름이 되면 암수양버들의 열매는 바람에 씨앗을 날려 보내요. 희고 뻣뻣한 털로 뒤덮인 씨앗들은 주변 몇 킬로미터까지 날아가요.

생명의 상징

수양버들은 원산지가 중국인데, 그곳에서는 이 나무가 죽음이나 고통을 상징하지 않아요. 오히려 생명과 부활을 의미하지요. 가지 하나를 꺾어 땅에 심기만 해도 뿌리를 내리고 새 나무로 자라니까요.

진통제

줄기에는 칼에 베인 상처를 낫게 하는 데 도움을 주는 살리신이라는 성분이 들어 있어요. 이 성분으로 만든 약이 바로 아스피린이에요.

수양버들의 아주 유연한
가지로 수공예품을
만들어요.
잎은 아주 길고
좁으며 끝부분은
창처럼 뾰족해요.
윗면은 초록색이고
아랫면은 흰빛을 띤
회색이에요. 그래서
바람이 불 때마다
색이 변해요.
아침이면 많은 양의 이슬이 잎에서
떨어져서 마치 나무가 눈물을
흘리는 것처럼 보여요.

Populus tremula
포퓰루스 트레물라

유럽사시나무

들판에 산들바람이 불어오면 청록색 나무가 떨며 노래하기 시작해요. 양초가 연상되는 모양 때문에 버드나무라고 생각할 수 있지만 이 나무는 그냥 버드나무가 아니에요. 바로 사시나무예요. 재배종보다 키가 작고 잎도 덜 무성한 양버들(*Populus nigra var. italica*)은 흰 껍질에 마름모꼴의 껍질눈이 퍼져 있는 모습으로 알아볼 수 있어요. 사시나무는 여러 그루가 함께 자라는데, 가지에서 직접 새 나무가 자라기 때문에 자식들과 함께 자라는 셈이에요. 그래서 쉽게 수가 늘어나지요. 바람이 불어도, 햇볕이 내리쬐어도 말이지요. 바람이 불면 불수록 사시나무는 좋아해요.

과
버드나무과

높이
20~30m

수명
70~80년

프랑스에 서식하는 다른 버드나무 품종의 잎은 사시나무의 잎과 아예 다르게 생겼어요.

양면 광합성

잎의 아랫면이 호흡에 쓰이는 다른 나무들과 달리 사시나무는 바람에 잎이 날리면서 윗면과 아랫면 양쪽에서 광합성을 해요. 양면을 햇빛에 번갈아가며 노출해서 빛을 최대한 많이 받으므로 훨씬 빠르게 성장해요.

그럼, 호흡은 어떻게 해요?

껍질에 있는 껍질눈으로 해요. 껍질눈을 통해서 공기가 들어가요. 또 지표면에서 나무 주위로 뻗은 뿌리로도 숨을 쉬어요.

사시나무의 잎은
동전처럼 작고 둥글어요.
길고 납작한
잎꼭지는 바람이
조금만 불어도
빙글빙글 돌아요.
가장자리가 가는
톱니 모양 잎들이
바람에 서로
부딪히면 살랑거리는
소리가 들려요.
여름이면 암나무가
작은 열매를 맺어요.
고개 숙인 꼬리 모양의
잎차례에 여러 개가
다발로 열려요.
이 열매에서 솜털로
뒤덮인 아주 작은
씨앗들이 나와요.

Malus domestica
말루스 도메스티카

사과나무

과수원에 가면 울퉁불퉁한 나뭇가지를 가진 나무를 만날 수 있어요. 우리에게 친숙한 사과나무예요. 사과나무는 키가 크지 않고 약간 비뚤게 자라요. 갈색을 띠는 두툼한 줄기에 구불구불한 못생긴 가지가 자라지요. 별다른 특징이 없다고도 할 수 있어요. 4월이 되면 며칠 동안 분홍빛이 도는 희고 작은 꽃이 아주 풍성하게 피어요. 그러고는 금세 다시 원래 모습으로 돌아가지요. 그렇게 6개월이 지나고 10월 초가 되면 다른 나무들이 노랗게 물드는데 이때 사과나무는 건조해진 씨앗을 퍼뜨려요. 그 모습이 정말 아름답지요. 여전히 꿋꿋하고 푸르른 나무는 여름 내내 품었던 소중한 보물을 우리에게 건네줘요. 바로 탐스러운 사과지요. 우리는 팔을 들어 사과를 따기만 하면 돼요.

과
장미과

높이
5~15m

수명
100년 이상

사과나무의 꽃차례는 산방꽃차례예요. 다섯 개의 꽃잎이 달린 작은 꽃 다섯 송이가 한 개의 꽃차례를 이루어요.

카자흐스탄의 나무

사람들은 오랫동안 사과나무의 원산지가 유럽이라고 믿었어요. 그런데 2001년에 사과의 조상 격인 말루스 시에베르시(*Malus sieversii*)의 유전자 분석을 했더니 이 야생종의 고향이 중앙아시아의 카자흐스탄인 것으로 나타났어요.

곰 이야기

사과나무 농사를 처음 지은 자는 카자흐스탄의 곰이었다고 할 수 있어요. 수천 년 동안 가장 크고 즙이 많은 사과가 열리는 나무를 골라낸 것이지요. 그리고 사과 씨앗을 이곳저곳에 똥과 함께 배설하고 다녔어요.

사과나무의 잎은 끝이 뾰족한
타원형이에요. 가장자리는 작은
톱니바퀴 모양이에요.

혼자서는 생식을
하지 못해서 다른
사과나무에서 꽃가루가
옮겨와 수분이 일어나야
열매가 맺혀요.

품종에 따라 8~10월 사이에
열매가 다 익어요. 늦게 익는
사과는 껍질이 더 두껍고
더 달아요. 또 더 오랫동안
보관할 수 있어요.

사과는 꽃이 피었던
자리에서 다섯 개씩
모여 열려요.

Juglans regia
유글란스 레기아

호두나무

봄의 서리가 무서워 남쪽으로 더 내려가 숲에서 멀리 떨어진 곳에서 햇빛을 받으며 자라는 게으름뱅이가 있어요. 이 나무는 둥글고 우아한 수관을 펼치기 전까지 아주 천천히 자라요. 잿빛 줄기는 시간이 지날수록 갈라져요. 꽃은 봄이 끝날 무렵에 피고, 늘 두 단계로 나뉘어 피어요. 처음에는 긴 미상꽃차례의 수꽃이 피고, 그다음에 암꽃이 피지요. 호두나무는 신중한 성격이라 혼자 수분을 하지 않아요. 열매는 서두르지 않고 익어가도록 내버려둬요. 10월이나 11월에 열매를 주울 수 있어요. 단단한 껍데기 안에는 오랫동안 정성껏 조각된 호두가 들어 있어요. 호두는 식물 전체를 통틀어 영양 성분이 가장 풍부한 열매예요.

과
가래나무과

높이
최대 25m

수명
160년

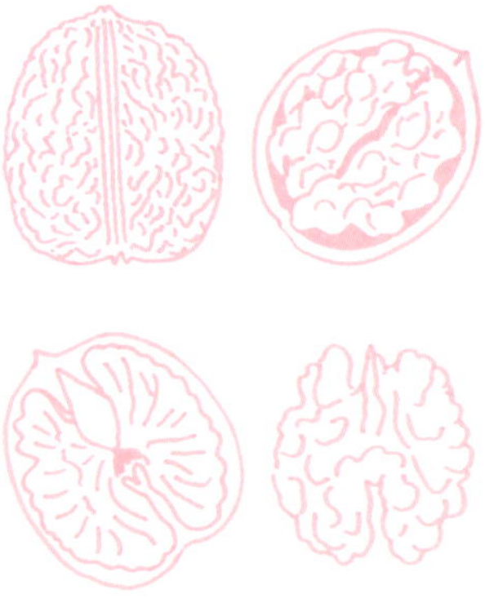

호두는 딱딱한 껍데기로 감싸져 있어요. 두 개의 얇은 막이 있고요. 호두알은 두 개의 떡잎으로 이루어진 씨앗이에요.

샤를마뉴의 나무

샤를마뉴는 법령을 만들어 호두나무를 재배하도록 했어요. 지방산, 비타민, 무기질이 풍부한 호두는 중세 농부들에게 가장 훌륭한 음식이었어요.

버릴 것 없는 호두나무

호두나무는 가장 인기가 많은 목재예요. 호두 껍데기에서는 가구를 칠할 염료를 추출해요. 잎에서는 유글론이라는 타닌 성분을 빼내요. 유글론은 머릿니와 모기를 물리치는 데 아주 효과적이지요.

핵과의 질긴 초록색
살은 먹을 수 없어요.

호두는 체리와 살구처럼
핵과예요. 호두 안에 든
호두알은 씨예요.

호두나무의 잎은
5~9개의 작은잎으로
이루어졌어요. 끝이 뾰족한
타원형인 잎은 잎꼭지를
중심으로 달려 있어요.
잎의 길이는 최대
30센티미터예요.

잎을 손으로 비비면
향긋한 냄새가 나요.
유글론 때문이에요.
유글론이 빗물에 씻겨
내려가면 호두나무
주변에서 다른 식물이
자라지 못하게 해요.

Carpinus betulus
카르피누스 베툴루스

유럽서어나무

과
자작나무과
높이
최대 20m
수명
150년

숲으로 돌아가봐요. 큰키나무들이 드리우는 그늘 밑에서 매력적인 나무가 나뭇잎으로 우리를 어루만져요. 이 나무는 무엇일까요? 무성한 잎을 자랑하며 가지를 땅바닥까지 늘어뜨린 크고 굵직한 이 나무는 마치 우리에게 올라오라고 권하는 것 같아요. 워낙 널리 퍼져 있어서 어디선가 본 것같이 친숙하지만 의외로 무슨 나무인지 아는 사람은 많지 않아요. 이 나무를 알아보려면 세로로 홈이 파인 회색 줄기를 찾아야 해요. 이 나무는 튼튼하기로 소문난 목재를 감추고 있어요. 워낙 단단해서 옛날에는 소의 멍에를 만드는 데 쓰였어요. 바로 유럽서어나무예요. 겉은 부드럽지만 속은 단단한 외유내강형 나무지요.

서어나무의 회색 줄기는 밑부분이 포크처럼 여러 갈래로 갈라져요. 껍질 위로는 근육이 불끈 올라오듯 세로 홈이 파여 있어요.

서어나무 오솔길

서어나무를 가지치기하면 어린나무 여러 개가 자라면서 아치 모양의 작은 초목을 이루어요. 정원에서도 아치 모양의 오솔길이 만들어져 그 안을 거닐면 기분이 좋아져요.

건강한 나무

오래전부터 건강한 나무로 유명한 서어나무는 추위와 더위를 다 잘 견디고 병해에도 강해요. 아주 사교적인 나무이기도 해요.

서어나무의 열매는
여러 개가 모여 송이를
이루어요. 황금색 송이가
대롱대롱 매달려 있어요.

작은 타원형에 끝부분이 뾰족한
잎은 너도밤나무의 잎과 아주
많이 닮았어요. 서어나무의 잎
가장자리가 더 가는 톱니바퀴
모양이라는 것이 차이점이에요.

선명한 잎맥이
있어서 구겨진
천처럼 보여요.

9월 말에 다 자란
씨앗은 바람을 타고
날아가요.

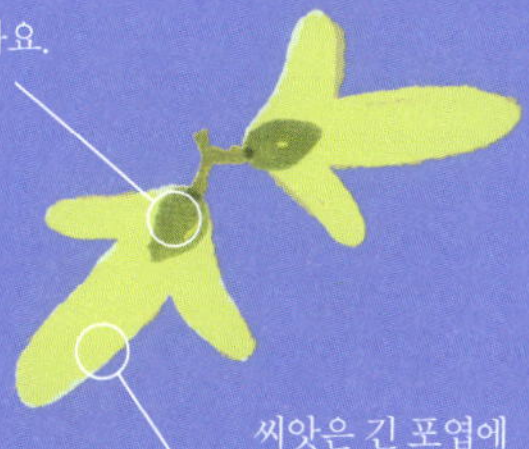

씨앗은 긴 포엽에
달려 있어요. 세 개의
작은잎으로 이루어진
포엽은 씨앗이 날아갈
때 도움을 줘요.

Corylus avellana
코릴루스 아벨라나

유럽개암나무

숲의 하목층을 이루는 이 장난꾸러기 나무는 우리가 가는 길을 막아서요. 억지로 길을 내려고 하면 여러 갈래로 갈라지는 잔가지로 우리 얼굴을 공격해요. 하지만 이 개구쟁이 나무는 작은키나무일 뿐이에요. 두꺼운 나무줄기가 아니라 가느다란 줄기들이 타래로 뻗어 나와요. 가지가 유연하고 프랑스에서는 겨울에 꽃을 피우는 몇 안 되는 나무예요. 잎사귀를 들춰보면 유니콘과 요정이 나올지도 몰라요. 개암나무는 우리에게 내어줄 열매뿐 아니라 몇 가지 비밀을 안고 있어요.

과
자작나무과

높이
3~8m

수명
60년

예쁜 황금색 고양이 꼬리 같은 수꽃은 1월부터 꽃가루를 퍼뜨려요. 3월에 꽃눈 끝에서 빨간 암꽃이 슬그머니 올라와 활짝 피어요.

마법사 멀린

옛날에 사람들은 개암나무 잎을 씹어서 병을 예방했어요. 집 주변에 심어놓은 개암나무는 악령을 물리친다고 믿었지요. 또 잔가지는 마법사들이 마법 지팡이로 썼다고 믿었어요. 지금도 개암나무의 잔가지로 땅속에 흐르는 지하수를 찾을 수 있다고 해요.

도시에 사는 사촌

도시에서 볼 수 있는 개암나무는 아시아가 원산지인 터키개암나무(*Corylus colurna*)예요. 터키개암나무에는 튼튼한 나무줄기가 있지만 열매는 질겨서 맛이 없어요.

둥글고 넓으며
끝부분이 뾰족한
잎은 크고 작은
톱니 모양이에요.
아랫면에는 털이 나
있어요.
햇빛을 받으면 열매의
흰 껍질이 단단해지면서
갈색으로 변해요.
아직 익지 않은 열매는 술잔
모양의 외피에 싸여 있어요.
이 외피를 '총포'라고 해요.
여름이 다 갈 무렵 총포가
열리면서 열매가 머리에
쓴 모자처럼 변해요.
9월에 다 익은
열매는 저절로
나무에서 떨어져요.

Prunus avium

프루누스 아비움

양벚나무

숲속 빈터 한가운데에 둥근 나무가 햇살을 받으며 편히 쉬고 있어요. 4월이 되면 흰 꽃으로 뒤덮여서 커다란 솔처럼 보여요. 나무줄기는 곧고 쭉 뻗었어요. 아름답게 빛나는 갈색 껍질은 리본 모양으로 벗겨져요. 이 나무는 바로 양벚나무예요. 두 달이 지나고 다시 이 나무를 찾아가면 열매인 버찌를 맛볼 수 있어요. 새들도 탐스러운 열매를 즐겁게 쪼아먹지요. 열매가 금세 떨어지면 나무는 무더운 여름에 무기력한 상태에 빠져요. 한여름에 햇볕이 쨍쨍 내리쬐면 잔가지 끝에 잎들이 힘없이 매달려 있어요. 8월이 되자마자 잎은 벌써 노랗게 물들어요. 하지만 9월이 되면 놀라운 일이 벌어져요. 잎들이 다시 살아나서 빨갛게 물들어 숲이 체리색으로 알록달록해져요.

과
장미과

높이
15~25m

수명
최대 100년

산형꽃차례로 모여 있는 꽃은 부채꼴이에요. 꽃이 질 무렵에 분홍색으로 변해요.

개미의 친구

양벚나무를 좋아하는 건 새뿐만이 아니에요. 양벚나무는 잎을 지탱하는 잎꼭지에 꽃꿀 분비샘을 숨겨둬요. 그렇게 해서 개미를 끌어들이지요. 참 똑똑하죠? 개미가 송충이를 물리쳐주거든요.

실험실

양벚나무의 수분을 도와주는 곤충은 꿀벌이에요.그런데 그 방법이 독특해요. 꿀벌이 가져오는 꽃가루를 꽃이 검사하거든요. 똑같은 나무에서 가져온 꽃가루면 수분이 이루어지지 않아요. 그렇게 근친교배를 막는 거예요.

양벚나무의 껍질은 붉은
갈색이지만 안쪽은 주황빛이 도는
분홍색이에요. 가구를 만드는
재료로 인기가 많아요.
버찌는 완전히 익으면 검은색에
가까워져요. 시장에서 살 수
있는 체리보다 더 작고 쓴맛이
나서 키르슈라는 술을 만들어요.
잎꼭지에는 꽃꿀을
만드는 분비샘이
있어요. 이를
꿀샘이라고 해요.
타원형이고
끝부분이 뾰족한
잎은 밑으로 처져
있어요. 가장자리가
작은 톱니 모양인데
비틀어진 잎이
많아요.

Fraxinus excelsior

프락시누스 엑스켈시오르

구주물푸레나무

구주물푸레나무는 숲 곳곳에서 자라지만 곧게 뻗은 회색 줄기만 보일 때가 많아요. 줄기는 하늘을 향해 꼿꼿하게 서 있고, 나이가 들면 금이 많이 가요. 줄기 윗부분에서 수직으로 뻗은 가지는 태양을 향해 성긴 수관을 펼쳐요. 추위에 매우 강한 구주물푸레나무는 습기가 많은 작은 골짜기나 물가를 좋아해요. 봄이 오면 잎이 아직 새로 나지 않아 검은 눈으로만 뒤덮인 가지를 위엄 있게 펼치고 있어요. 실망이라고요? 그렇다면 가을을 기다려봐요. 여전히 푸르른 나무는 곧 닥칠 겨울에 맞서 당당한 모습으로 서 있어요. 긴 열매 송이들은 바람결에 서로 속닥거려요.

과
물푸레나무과

높이
최대 45m

수명
300년

구주물푸레나무는 암나무일 수도 있고 수나무일 수도 있고 암수가 한몸에 있을 수도 있어요. 이를 구분하는 건 보라색 꽃이에요. 원추꽃차례로 배열된 꽃은 아직 잎이 나지 않은 4~5월에 피어요.

세상의 축

북유럽 사람들은 구주물푸레나무를 세계의 나무라고 생각해요. 그래서 이 나무를 '위그드라실'이라고 불러요. 이 나무를 축으로 우주 전체가 펼쳐진다고 생각하지요. 늘 푸르른 구주물푸레나무는 수많은 동물의 휴식처이고, 영원한 생명을 상징해요.

호메로스처럼 웅장해요

구주물푸레나무의 목질은 진줏빛이 도는 흰색이에요. 단단하면서도 유연성이 있어서 고대에 전사들의 투창을 만드는 데 썼어요. 『일리아드』에 나오는 아킬레스의 투창도 이 나무로 만든 거예요. 요즘은 여러 도구의 손잡이나 하키 스틱을 만들어요.

납작하고 긴 열매는
송이로 나요. 겨우내 나무에
매달려 있다가 바람에
날아가요.
열매는 시과예요.
한 개의 열매는
두 개의 씨앗이 든
꼬투리와 한 개의
날개로 이루어져
있어요.
가장자리가 가는
톱니 모양인 작은잎
7~15개가 모여 잎을
이루어요. 잎의 길이는
20센티미터예요. 의학적
효능이 뛰어나서 유명한
'100세 차'의 재료로
들어가요.
6월이 되어야 잎이 나와요.
이후에는 늦은 가을까지
아름다운 초록을 뽐내요.

Castanea sativa
카스타네아 사티바

유럽밤나무

그리스의 도시 카스타논이 원산지인 유럽밤나무는 오랫동안 유럽을 정복한 호전적인 나무예요. 스코틀랜드에서도 이 밤나무를 볼 수 있으니까요. 용암도, 자갈밭도, 숲의 부식토도 아랑곳하지 않고 어디에서나 뿌리를 내리며 잘 자라요. 가지가 무성하게 자라는 유럽밤나무의 거대한 줄기는 표면이 깊게 파여서 움푹 들어간 곳도 있고 나선 모양으로 구부러지기도 해요. 건장한 유럽밤나무가 자라기 시작하면 못 보고 지나칠 수 없어요. 여름에는 꽃향기로 공기를 가득 채우고 가을에는 가시 돋친 밤송이를 기관총처럼 사방으로 발사해요. 아얏! 밤나무 옆을 지나갈 때는 조심해요.

과
참나무과
높이
25~35m
수명
1,000년 이상

수꽃은 6월과 7월에 남성적인 냄새를 풍기는 꽃꿀로 꿀벌을 끌어들여요. 꿀벌은 이 꽃꿀로 독특한 향이 나는 꿀을 만들지요.

챔피언

유럽밤나무는 성장 속도가 매우 빠를 뿐만 아니라 아주 오래 살아요. 사방으로 열매를 퍼뜨리고 잎과 나무에 들어 있는 타닌 성분으로 몸을 보호할 줄도 알지요. 그래서 금세 숲의 우두머리가 돼요. 이 나무는 친구들과 함께 어울려 자라는 걸 좋아해요.

대홍수도 무섭지 않아요

유럽밤나무는 여름에 내리쬐는 햇빛을 잘 견뎌요. 하지만 가을에는 엄청난 양의 수분이 필요해요. 유럽밤나무가 많이 자라는 프랑스 남부에서는 가을로 넘어갈 때 비가 많이 오기 때문에 걱정 없어요.

열매가 다 익으면 껍데기가 갈라지면서 씨앗인 밤 2~3개가 나와요. 밤은 단단한 껍데기로 둘러싸여 있어요. 냠냠, 맛있겠죠?
열매는 껍데기 안에 들어 있고 껍데기 바깥면은 가늘고 아주 따가운 가시로 뒤덮여 있어요.
잎은 길이가 20센티미터로 꽤 길고, 가장자리는 튼튼한 톱니 모양이에요.
가을이 되면 시장에서 쉽게 살 수 있는 밤에는 섬유질과 당질이 많이 들어 있어서 프랑스에서는 옛날에 밤을 '빈자의 빵'이라고 불렀어요.

Ulmus minor
울무스 미노르

유럽들느릅나무

프랑스의 숲, 들판, 밭, 도시에서 당당한 나무줄기와 풍성한 잎을 자랑하던 아름다운 나무는 어디 갔을까요? 50년 전, 느릅나무 시들음병이 퍼져 수많은 들느릅나무가 죽었고, 이제는 거의 사라졌어요. 아직도 이 병에 대한 치료제를 만들지 못했어요. 이 나무를 만나는 행운이 찾아왔다면 가까이 다가가서 흑갈색 껍질을 만져봐요. 긴 균열들은 나무의 나이를 말해주지요. 가장자리가 톱니 모양인 잎들은 가지를 따라 똑똑하게 배열되어 있어요. 마치 르네상스 시대의 화가가 그려놓은 것 같다니까요!

과
느릅나무과

높이
최대 35m

수명
500년

사촌 격인 울무스 글라브라(*Ulmus glabra*)와 헷갈리면 안 돼요. 이 나무는 줄기가 회색이고 더 굽었어요. 잎도 끝부분이 뿔처럼 세 개로 갈라져 있어요.

정의의 나무

옛날에 프랑스 도시에서는 느릅나무를 시내 중심에 한 그루씩 심어놓았어요. 그 나무 앞에서 사람들은 빚을 갚기도 하고, 판사와 변호사들까지 나와 재판이 이루어졌고, 결투가 벌어지기도 했어요.

이탈리아풍

르네상스 시대에 프랑스의 국왕 프랑수아 1세는 이탈리아를 모방해서 전국 도시에 느릅나무를 심어 산책길을 만들었어요. 이후 플라타너스가 즐비한 프랑스의 산책로로 바뀌었지요.

끝이 뾰족한 타원형에
가장자리가 가는
톱니 모양인 잎은
서어나무나
너도밤나무의 잎과
비슷하게 생겼어요.
잎의 밑부분이 비대칭이에요.
잎의 오른쪽과 왼쪽의
출발점이 달라요.
공 모양으로 여러 개가
뭉쳐 있는 열매는
두 가지 색을
띠고 있어요.
3월이나 4월에 맺혀요.
씨앗 한 개가
얇고 작은 막
안에 들어 있어요.
5월 말이 되면
바람에 날아가요.

도시와 정원

“플라타너스는 여름이 오면

밤에도 푸르르구나.”

_이시다 하쿄

Platanus x acerifolia
플라타누스 x 아케리폴리아

플라타너스

우리의 친구 플라타너스는 멀리서 찾을 필요가 없어요. 이 나무를 보고 싶다면 창밖으로 얼굴만 내밀면 돼요. 차렷 자세로 늘어선 모습을 볼 수 있을 테니까요. 그런 모습은 마치 거리의 질서를 살피는 늠름한 군인 같아요. 도로변에는 오염 물질이 많지 않으냐고요? 그래도 괜찮아요. 시멘트 도로는요? 플라타너스는 그렇다고 멈출 나무가 아니에요. 이 나무는 겨울에도 내내 교통경찰 노릇을 해요. 그러다가 여름이 오면 제복을 벗어 던지고 푸르른 가지들을 힘껏 펼쳐요. 그러면 도시의 거리, 광장, 카페 테라스까지 지중해 분위기로 바뀌어요.

과
버즘나무과

높이
최대 25~40m

수명
최소 400년

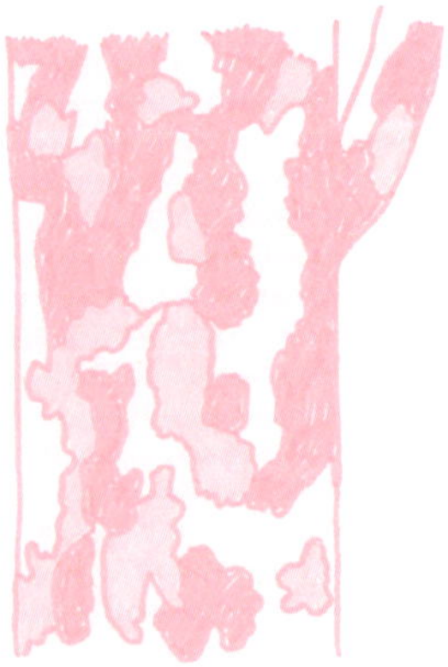

푸르스름한 회색 껍질에 반점이 있어서 쉽게 알아볼 수 있어요. 반점이 있는 껍질을 보면 군복 무늬가 떠올라요.

넓은 파라솔

플라타너스는 가지들이 넓게 벌어져 있어서 햇빛을 완벽하게 막아줘요. 라틴어인 '플라투스'도 '넓다'는 뜻이지요. 그래서 나폴레옹은 이 나무를 프랑스의 모든 거리에 심으라고 했어요. 군인들이 이동할 때 일사병에 걸리지 않도록 하기 위해서였어요.

인공 나무

플라타너스는 400년 전에 만들어진 교배종이에요. 이 나무의 조상 격인 버즘나무는 4,000년까지 살 수 있다고 해요. 전설에 따르면 트로이의 목마를 버즘나무로 만들었다고 해요.

긴 잎자루에 달린 잎은 크기가 크고 단풍나무 잎과 비슷하게 생겼어요(그래서 '단풍나무 잎'이라는 뜻의 라틴어 '아케리폴리아'가 붙은 거예요).
잎은 3~5개의 열편으로 이루어져 있어요. 열편은 삼각형이고 가장자리가 큰 톱니 모양이에요.
작은 공 모양의 열매에는 털이 나 있어요. 겨우내 나무에 매달려 있어요.
잔털로 뒤덮인 작은 씨앗들이 들어 있어요. 봄이 오면 씨앗들은 바람에 날려 알레르기가 있는 사람들의 코를 간지럽히지요. 에취!

Aesculus hippocastanum
아이스쿨루스 힙포카스타눔

마로니에

과
무환자나무과
높이
최대 30m
수명
150~300년

프랑스의 도시들은 이국적이고 장식적인 나무를 많이 받아들였어요. 그중에 이제는 친숙해진 나무가 있어요. 마로니에(marronnier)는 초등학교 운동장에서 아이들이 커가는 모습을 지켜봐요. 여름에는 정원 잔디 위에서 멋진 모습으로 서서 아이들이 술래잡기하며 노는 모습을 지켜봐요. 나무줄기가 적갈색인 마로니에는 인도가 원산지로 많이 알려졌지만 사실 발칸반도에서 프랑스로 전해졌어요. 프랑스는 여름에 건조하고 많이 더워서 마로니에는 선선한 날씨를 그리워해요. 8월 말이 되면 밤송이가 벌어져서 도로변에 동그랗고 반들반들한 밤이 우수수 떨어져요. 아름다운 잎은 주황색과 샛노란색 옷을 입어 학교 가는 길을 예쁘게 물들이지요.

5월에 피는 마로니에의 흰 꽃은 원추형으로 배열된 밀추꽃차례를 이루어 장식용으로 좋아요.

아이들의 장난감

아이들이 밤을 주워 던지고 놀면서 마로니에가 주변으로 빠르게 퍼져요. 1615년에 동인도회사가 최초로 들여온 마로니에는 파리에 심겼어요.

에스쿨린

시장에서 파는 밤과 마로니에의 열매를 혼동하면 안 돼요. 마로니에 열매에는 에스쿨린이 들어 있는데 독성이 있어서 먹으면 피가 응고되지 않아요. 또 사포닌 성분 때문에 비누 맛이 나요.

가장자리가 톱니 모양인 작은잎
5~7개가 부채 모양으로 펼쳐져
있어요. 작은잎들은 긴 잎자루에
달려 있어요.

잎은 아주 크고 길이는
30~50센티미터예요.

날카로운 가시로 뒤덮인
밤송이에는 주로 한 개의
큰 씨앗이 들어 있어요.
가끔 두 개가 들어 있을
때도 있어요.

단단하고 매끄러운 밤은
조약돌처럼 생겼어요.
조약돌을 뜻하는 고대
리구리아어 '마르(mar)'에서
열매와 나무의 이름이
비롯되었어요.

Tilia platyphyllos
틸리아 플라티필로스

큰잎유럽피나무

유럽이 고향인 나무들도 프랑스의 도시에 씨앗을 뿌렸어요. 하트 모양의 잎들이 무성하고 불룩한 나무줄기가 있는 큰잎유럽피나무를 보면 기분이 좋아져요. 봄에 이 나무의 그늘 밑에서 한가롭게 쉬어봐요. 은은한 꿀 냄새가 나는 꽃 주위로 꿀벌들이 윙윙거리며 춤을 춰요. 프랑스 사람들은 어린잎과 순을 따서 차를 끓여 먹어요. 백목질도 맛이 좋아요. 조상들은 이 나무를 둘러싸고 춤을 췄어요. 프랑스 대혁명 당시 과격파들에게 이 나무는 자유를 상징했지요. 연두색 잎을 자랑하는 큰잎유럽피나무는 이처럼 차를 끓여 먹기만 하는 나무가 아니에요. 이 나무가 마리안과 함께 프랑스 대혁명의 상징이라는 걸 알고 있었나요?

과
아욱과

높이
최대 30~35m

수명
약 400년

7월부터 원래 꽃이 있던 자리에 열매가 맺히기 시작해요. 꼬투리에는 씨앗이 한 개 들어 있어요. 열매는 먹을 수 있고 기름이 함유되어 있어요. 초콜릿 맛이 나요.

뜻깊은 상징

폭풍우에 가지가 부러져도 다시 가지가 자랄 수 있는 전투적인 큰잎유럽피나무는 프랑스의 1유로와 2유로 동전 뒷면에 나와요. 1789년 이후 공화국의 가치를 상징하기 때문이에요.

장점만 있는 나무

이 나무의 꽃은 피로를 풀어주고, 잎은 단백질과 당뇨병 환자들이 소화할 수 있는 당이 풍부해요. 백목질에는 아미노산이 들어 있어서 소화계에서 해독 작용을 해요. 그 밖에도 장점은 헤아릴 수 없이 많아요.

긴 꽃자루 끝에 달린 꽃은
취산꽃차례로 배열되어요.
5~6월에 향기를 내뿜는
노란 꽃이 피고 여러
송이가 늘어져 있어요.
꽃자루에는 푸르스름한
긴 포엽이 한 개씩 붙어
있어요. 포엽은 나중에
열릴 씨앗에 글라이더
역할을 해줘요.
큰잎유럽피나무는 도시에서
가장 흔히 볼 수 있는
나무예요. 잎의 윗면에는
털이 조금 나 있어요. 가을이
되면 담황색으로 변해요.
하트 모양의 잎으로
나무를 쉽게 구분할
수 있어요.

Robinia pseudoacacia
로비니아 프세우도아카키아

아까시나무

길을 가다가 가시로 뒤덮인 나무를 만나 당황할 수도 있어요. 아카시아일까요? 아니에요. 가짜 아카시아인 아까시나무예요. 기린의 목처럼 비스듬히 늘인 나무줄기는 울퉁불퉁 힘줄이 솟은 모습이고, 선명한 초록색 잎들은 바람이 조금만 불어도 흔들리지요. 아까시나무는 거리에 활기를 더해요. 400년 전에 고향인 북아메리카의 애팔래치아산맥에서 유럽으로 들어왔어요. 아까시나무를 알아보고 싶다면 가을에 가지에 매달린 꼬투리를 보면 돼요. 아까시나무는 완두콩의 사촌이거든요.

과
콩과

높이
10~25m

수명
(평균) 300년

5월과 6월에 흰 꽃이 송이로 피고 진한 오렌지꽃 향을 풍겨요. 아카시아 흉내를 내더니 오렌지꽃 흉내도 내는군요.

파리의 미국 나무

아까시나무의 프랑스 이름은 로비니에(robinier)예요. 이 이름은 앙리 4세의 약초 전문가 장 로뱅에서 비롯되었어요. 장 로뱅은 1601년 파리의 카르티에 라탱에 처음 아까시나무를 심었어요. 르네-비비아니 광장에 가면 아직도 그 나무가 서 있어요. 420세가 넘어 파리에서 가장 오래되었지요.

침입자

어디에서나 잘 자라고 대기오염에도 강한 아까시나무는 새 줄기도 아주 빨리 자라요. 그래서 도시에서 키우기에 이상적이지요. 거리 하나를 눈 깜짝할 사이에 뒤덮을 수 있어요. 문제는 이 나무가 프랑스의 숲을 점령하고 있다는 사실이죠. 아까시나무는 유럽에서 침입종이 되었어요.

튼튼하고 썩지 않는
아까시나무는 영구성이
아주 뛰어나요. 그래서
정원용 가구나 울타리
말뚝을 만드는 데 쓰여요.
가지에는 단단한 가시가
있으니 조심해요.
열매는 여러 개가
모여 있어요. 납작한
꼬투리는 초록색이었다가
빨간색으로 변하고 다
익으면 갈색이 돼요.
겨우내 가지에 붙어
있어요. 독성이 있으니
열매는 먹으면 안 돼요.
15~20센티미터 길이의
예쁜 잎은 가장자리가
매끈하고 타원형인
작은잎들로 이루어져
있어요. 잎의 수는
항상 홀수예요.

Sophora japonica
소포라 야포니카

회화나무

벤치에 앉아서 눈을 반쯤 감고 햇볕이 내리쬐는 걸 느껴봐요. 바람이 시원한 시냇물처럼 흘러가는 소리가 들려요. 이럴 때면 도대체 누가 이런 마법을 부리는 건지 궁금해져요. 그 주인공은 바로 우리 눈앞에 있는 회화나무예요. 구불구불해서 더 매력적인 나무줄기에 숨결처럼 부드러운 잎들이 달려 있어요. 잎들은 차분해지는 데 딱 필요한 만큼 공기와 빛을 통과시켜주는 섬세한 파라솔이에요. 아, 이 나무는 얼마나 사랑스러운지요! 푹푹 찌는 여름에 꿀 향기를 내뿜는 크림색의 꽃들도 피우거든요.

과
콩과

높이
20~25m

수명
500년

모든 콩과 식물이 그렇듯이 회화나무의 열매도 꼬투리예요. 씨앗 사이의 간격이 줄어들어서 꼭 진주 목걸이처럼 생겼어요.

꿀나무

회화나무는 일본이 아니라 중국이 원산지예요. 옛날에 중국인들은 꽃꿀이 가득 찬 꽃눈으로 황제의 비단옷을 노랗게 염색했어요.

우편 배송

베르나르 드 쥐시외는 파리의 식물원에서 일하던 식물학자예요. 그는 1747년에 우편으로 회화나무의 씨앗을 받았어요. 그 씨앗 중 하나를 식물원 입구에 심었지요. 이 나무가 유럽에서 가장 오래된 회화나무예요. 지금도 식물원에 가면 볼 수 있어요.

회화나무의 꽃은
나비 모양이고 꽃꿀을
만들어요. 많은 나비를
끌어들이지요.

회화나무는
'탑 나무'라는 별명을
가지고 있어요.
전통적으로 절의 마당에
회화나무를 심었기
때문이에요.

잎은 복엽이에요.
작은잎들이 날개의 깃처럼
배열되어 있어서 그
사이로 햇빛이 통과해요.
바람이 불면 작은잎들이
살랑거리며 흔들려요.

회화나무는 아까시나무와
비슷해서 헷갈릴 수 있어요.
하지만 회화나무에는 가시가
없고 작은잎들도 아까시나무
잎보다 더 길어요. 가운데
잎맥도 더 선명하고요.

Ginkgo Biloba
징크고 빌로바

은행나무

공원에서 이 보물 같은 나무를 찾을 수 있어요. 원기둥처럼 생긴 나무줄기에 자기만의 잎들을 멋진 왕관처럼 쓰고 있지요. 가을이 오면 잎은 황금색으로 변해요. 그런 단풍을 감상하는 것은 큰 즐거움이에요. 방패 모양의 잎들 사이로 작은 공 모양의 열매가 보여요. 해처럼 노랗게 빛나는 열매는 미라벨 자두처럼 생긴 은행이에요. 그런데 은행은 진짜 열매가 아니에요. 암술의 생식세포를 만드는 밑씨예요. 지구에서 가장 오래된 나무라서 살아 있는 화석이라 불리는 은행나무는 자연의 신비를 손으로 만질 기회를 주는 셈이지요. 은행잎이 떨어져 주변에 쌓이면 마법의 양탄자처럼 우리를 하늘과 땅이 처음 생긴 시간으로 데려가요.

과
은행나무과

높이
20~30m

수명
영원히 살아요!

봄이 오면 수나무에서 꽃가루주머니가 생겨요 (이건 진짜 꽃이 아니에요). 꽃가루는 밑씨에 떨어지지만 정작 수분은 몇 달이 지난 뒤에 이루어져요.

불멸의 나무

3억 년 전에 아시아에서 속씨식물보다 먼저 태어난 은행나무는 기생충이나 질병에 시달리지 않아요. 오염에도 끄떡없어서 히로시마에 원자폭탄이 떨어졌을 때도 혼자 살아남았어요.

놀라운 번식 능력

암나무가 가지고 있는 밑씨는 주름이 지면서 땅으로 떨어져 썩어요. 겨울이 되어 수나무의 꽃가루가 그 밑씨 안으로 들어가서 수분이 이루어지면 씨눈이 만들어지고 새 나무가 태어나요.

부채 모양의 잎은 오리발 모양의 열편 두 개로 이루어져 있어요. 중심부에 잎맥이 없는데 다른 식물에서는 좀처럼 볼 수 없는 특징이에요.
잎은 3~4개가 모여 있고 긴 잎자루로 가지와 연결되어요.
원래 매끈한 밑씨의 표면은 가을이 오면 주름이 져요. 이때 고약한 냄새가 나요. 그래서 공원에는 암나무를 잘 심지 않지요.

Sorbus aucuparia
소르부스 아우쿠파리아

유럽팔배나무

과
장미과

높이
7~15m

수명
최대 120년

이 작고 호감 가는 나무는 공원에서 자주 마주칠 수 있어요. 하지만 시골에서도 자라고 숲에서는 소나무 옆에서 자라요. 나무줄기는 투박하게 생겼고 가지가 워낙 많이 갈라져서 뒤죽박죽처럼 보여요. 얇은 잎은 서로 부딪쳐 바스락거리지요.

자리를 많이 차지하지 않지만 도시에 왜 이렇게 많이 심어놓았는지 궁금하긴 해요. 그 이유는 9월이 되면 알 수 있어요. 짙은 초록색이었던 잎이 보라색으로 변하고 예쁜 모양의 열매가 한가득 열리기 때문이에요. 열매는 12월까지 떨어지지 않아서 파티 장식처럼 보여요. 열매를 먹는 새들에게는 진짜 파티지요.

5월과 6월에는 산방꽃차례로 모인 희고 작은 꽃들이 사람들의 시선을 빼앗아요. 하지만 사람들은 코를 막을 거예요. 꽃에서 나는 들큼한 냄새가 꽤 고약하거든요.

개똥지빠귀의 나무

개똥지빠귀는 유럽팔배나무의 열매를 아주 좋아해요. 옛날에는 개똥지빠귀를 사냥하려고 일부러 이 나무를 심기도 했어요. 지금은 도시나 자연에서 환경을 보호하는 역할을 해요. 가을에 새들의 먹이 창고가 되니까요.

천연 감미료

신맛이 나는 열매에서는 소르비톨을 추출할 수 있어요. 소르비톨은 몸매를 가꾸는 사람들 사이에서 유명한 천연 감미료예요.

송이로 모여 나는 열매는
주황빛이 도는 빨간색이고
지름은 3~8밀리미터예요.
여름이 끝날 무렵에
완전히 익어요.
열매로 잼이나 셔벗을
만들어 먹어요.
잎은 복엽이에요.
짙은 초록색은 8월이
되자마자 빨간색으로
물들어요.
9~17개의 작은잎이
긴 창 모양을 이루어요.
가장자리는 이중 톱니
모양이에요.

Celtis australis
켈티스 아우스트랄리스

유럽쐐기풀나무

과
삼과

높이
15~25m

수명
최대 600년

프로방스 지방의 광장에는 페탕크 시합장이 있어요. 그곳에 그늘을 드리우는 나무가 있지요. 밑동은 회색이고 그 위로 줄기가 양 갈래로 갈라져 수평으로 자라요. 정오가 되면 무더위가 오지만 이 나무의 그늘 밑은 조금 선선해요. 아, 차가운 바람이 불어오네요. 나무의 잔가지들은 돌풍이 부는 대로 이리저리 흔들리지만 뽑히는 가지는 없어요. 남부 황무지에서 태어난 이 나무가 이제는 프랑스 북쪽에서 동쪽까지 많은 도시에서 기온을 낮추는 역할을 해요. 용광로 같은 여름에 날씬한 잎들이 드리우는 그늘로 선선함의 항구가 되어주지요. 쐐기풀처럼 생긴 유럽쐐기풀나무는 가을에 들어서면서 오도독 씹어 먹을 수 있는 작은 열매를 맺어요.

유럽쐐기풀나무의 열매는 체리처럼 핵과예요. 하지만 과육은 아주 적어요. 안에는 큰 씨가 들었는데 양질의 지방산이 풍부해요.

남부의 사탕

유럽쐐기풀나무의 열매는 씨까지 한꺼번에 입에 넣어 깨물어 먹을 수 있어요. 입 안에 넣으면 오래 끓여서 캐러멜처럼 변한 사과 향이 나요. 거부할 수 없는 맛이지요.

오랜 사랑 이야기

라틴어 학명은 '남부의 나무'라는 뜻이에요. 갈루아족의 나무였던 유럽쐐기풀나무는 신전 주위에 심어졌어요. 고대에 여사제들은 이 나무에 머리카락을 잘라 바쳤어요.

단단하면서도 유연한 잔가지는
밧줄처럼 꼬여 있어요. 그래서
채찍 손잡이나 승마용 채찍을
만들기 좋아요.
두 갈래로 갈라지는 가지는
랑그독 지방의 소브라는
도시에서 농업용 갈퀴로
제작되어요. 세계에서 가장
튼튼한 갈퀴일 거예요.
지름 1센티미터의 열매는
익었을 때 적포도수색이
되어요. 유럽쐐기풀나무를
프랑스어로는 '미코쿨리에
(micocoulier)'라고 하는데,
그리스어로 '미크로쿨리
(mikrokouli)'는 '아주 작은
열매를 맺는 식물'이라는
뜻이에요.
타원형에 가장자리가
톱니 모양인 잎은 밑부분이
비대칭이에요. 쐐기풀과
비슷하게 생겼지만
따갑지 않아요. 만지면
꺼끌꺼끌해요.

Morus bombycis
모루스 봄비키스

산뽕나무

햇살이 강하게 내리쬐는 주차장에서는 아스팔트가 녹아내릴 것 같아요. 그런데 파라솔처럼 생긴 작은 나무가 에메랄드빛의 아름다운 잎들을 펼치네요. 그 아래 그늘에 들어가면 얼마나 좋은지요! 1918년에 일본에서 프랑스로 유입된 산뽕나무는 뽕나무의 사촌이에요. 이 나무는 수많은 도시에서 그늘을 만들어주는 녹음수로 심기고 있어요. 특히 야외 주차장에서 흔히 볼 수 있어요. 키가 크지 않고 아주 천천히 자라요. 잎은 플라타너스 잎과 비슷하게 생겼어요. 그래도 산뽕나무는 역시 뽕나무예요. 여름이면 그늘뿐만 아니라 우리의 간식까지 책임지거든요.

과
뽕나무과

높이
최대 8m

수명
150년

뽕나무의 잎은 모양이 아주 다양해요. 타원형과 하트 모양도 있고 플라타너스의 잎처럼 갈라진 모양도 있어요.

냠냠! 맛있는 오디!

달고 즙이 많은 산뽕나무의 열매 오디는 먹을 수 있어요. 하지만 나무에서 저절로 떨어지기 때문에 길거리가 더러워지는 단점이 있어요. 그래서 공원이나 도로에는 열매를 맺지 않는 품종을 심어요.

절친한 친구

프랑스에서 앙리 4세 시대에 키우기 시작한 뽕나무는 흰 순을 보면 쉽게 구분할 수 있어요. 잎은 누에의 먹이로 쓰여요. 나무의 모양은 둥글고 키는 30미터까지 자랄 수 있어요. 뽕나무도 열매인 오디를 맺어요.

잎의 윗면은 반들거리고
아랫면은 더 짙은 초록색이에요.
잔털로 뒤덮여 있어서
만지면 까끌까끌해요.
오디는 둥근 기둥 모양이에요.
과육처럼 보이는 것은 수많은 핵과가
모여 있는 것이에요. 초여름에는
붉은색이었다가 다 익으면
검보라색으로 변해요.
길이가 15센티미터 정도
되는 잎은 가장자리가 톱니
모양이고 끝이 뾰족해요.

Phoenix canariensis
포이닉스 카나리엔시스

카나리아야자

과
야자나무과
높이
15~25m
수명
100년

가지가 없는 매끈한 줄기가 하늘로 곧게 뻗어 있고, 줄기 끝에 달린 잎들은 바람에 흔들거려요. 잎만 봐도 열대 지방에 휴가를 온 기분이에요. 프랑스의 국민 야자나무는 바로 카나리아제도의 대추야자예요. 1864년에 프랑스 니스에 들여온 카나리아야자는 지중해의 모든 해변을 수놓고 있고, 바스크 지방과 브르타뉴 지방까지 진출했어요. 파리에서는 카나리아야자를 화분에 키워요. 추운 겨울에는 실내에 들여서 키우지요. 열매가 가끔 맺히긴 해도 프랑스 사람들이 이 야자나무를 키우는 건 순전히 완벽한 외모 때문이에요. 이 멋진 장식용 나무는 사실 나무가 아니에요. 거대한 풀이지요.

'야자나무 킬러'로 알려진 붉은야자바구미(*Rhynchophorus ferrugineus*)는 야자나무 안에 알을 낳아요. 알에서 부화한 애벌레들이 나무 안을 갉아 먹지요.

가짜 나무줄기

야자나무에는 원래 나무줄기가 없어요(목질도 없고요). 단단한 섬유질로 되어 있고 잎이 나지 않는 줄기예요. 카나리아야자의 줄기는 비늘로 덮여 있어요. 자라면서 생긴 상처지만 그렇다고 줄기가 약하지는 않아요. 강한 바람이 불어와도 끄떡없으니까요.

해변의 위기

2006년에 야자나무는 힘든 일을 겪었어요. 아시아에서 온 딱정벌레 때문이지요. 이 곤충 때문에 야자나무의 밑동이 말라버렸어요. 그래서 대신 워싱턴야자를 심었지만 바람에 훨씬 약해요. 소중한 야자나무를 보호해야 해요.

여름이면 암나무가 작은 열매를
맺어요. 다 익으면 주황빛이 도는
노란색으로 변해요. 열매는 먹을 수
있지만 과육이 좀 건조한 편이에요.
주로 장식용으로 쓰여요.
길고 좁은 잎은 질기고
V자 모양으로 구부러져
있어요. 짙은 초록색이
돌아요.
잎은 양치류에서
볼 수 있는
양치잎이에요.
잎의 길이는
최대 5미터예요.

황무지

"거대한 평야에 홀로 선 나무에
매미들이 모여 있네."

_마사오카 시키

Pinus pinea
피누스 피네아

우산소나무

지중해 연안 지역에서 자라는 이 나무는 무엇보다 매미의 고장에 와 있다는 사실을 알리는 나무예요. 작은 만을 내려다보는 언덕 꼭대기에 뿌리를 단단히 박고 있는 우산소나무는 파라솔 모양으로 가지를 쫙 펼쳐요. 나무줄기는 해바라기처럼 햇빛을 향해 구부러졌어요. 반짝거리는 푸르른 바늘잎은 밟으면 바스락거려요. 붉은 껍질은 비늘 모양으로 갈라져 있어요. 구과는 뜨거운 여름에 열려서 둔탁한 소리를 내며 땅으로 떨어져요.

과
소나무과

높이
최대 30m

수명
250년

우산소나무의 구과에는 소나무과에서 유일하게 먹을 수 있는 씨앗이 들어 있어요. 바로 잣이에요.

가짜 열매

구과는 사실 수많은 침엽수의 열매가 그렇듯이 생식기관이에요. 말하자면 꽃이에요. 꽃가루를 만드는 수컷 구과가 있고 수분이 이루어지면 씨앗을 만드는 암컷 구과가 있어요.

냄새나는 사촌

대서양 연안에는 우산소나무의 사촌이 살아요. 훨씬 유명하고 더 많이 퍼져 있는 해안송이지요. 해안송은 가지가 더 웅크린 모양을 하고 있어요. 바람과 물보라에 강해요. 특히 송진 냄새로 해안송을 구분할 수 있어요.

가늘고 매우 긴 바늘잎은 길이가 12~20센티미터예요. 튼튼한 잎은 3~4년마다 한 번씩 다시 나요.
암컷 솔방울은 길이가 8~15센티미터이고 가운데가 불룩한 원추형이에요. 완전히 익을 때까지 3년이나 걸려요. 솔방울이 열리면서 씨앗이 나오지요.
비늘은 방패 모양이고 위로 돌출된 것이 특징이에요.
바늘잎은 둘씩 짝지어 있어요. 한 개의 잎집에 두 개의 잎이 들어가 있지요.

Ficus carica
피쿠스 카리카

무화과나무

여름이 끝날 무렵에 지중해 연안의 오솔길을 걸을 생각이라면 간식을 따로 챙길 필요가 없어요. 키는 작지만 담장 너머로 가지가 넘어오는 나무가 지나가는 사람에게 선물을 줄 테니까요. 무화과는 고대 이집트 사람들에게 천국의 열매였어요. 씹으면 씨앗이 톡톡 터져서 별미지요. 크고 가장자리가 매끈한 잎들이 만들어주는 그늘 밑에서 무화과를 음미할 수 있어요. 주인이 혹시 봤을까봐 약간 미안한 마음이 들지만요. 못 봤다고요? 그럼 빨리 무화과를 따요! 동양에서 온 무화과나무는 선악과를 내어주는 사과나무보다 훨씬 전에 이미 유혹을 상징했어요.

과
뽕나무과

높이
5~10m

수명
300년

하지만 무화과 안에서 곤충을 발견하는 일은 드물 거예요. 열매에서 나오는 즙으로 안에서 소화될 테니까요.

거꾸로 된 꽃

무화과는 진짜 열매가 아니에요. 껍질 속에 수많은 작은 꽃을 숨기고 있지요. 꽃을 꼭꼭 숨기고 있는 데이지와 비슷해요. 우리가 먹는 과육은 바로 무화과의 꽃이에요. 그 안에 든 씨앗이 진짜 열매지요.

곤충의 무덤

무화과나무는 수분하기 위해 곤충이 필요해요. 작은 말벌처럼 생긴 블라스토파가지요. 아직 익지 않은 무화과 안에 암컷이 알을 낳아요. 수나무에서 온 벌은 꽃가루도 같이 묻히는데, 무화과 안에 갇혀서 죽고 말아요.

길이가 25센티미터인 큰 잎은 손바닥
모양으로 갈라져 있어요. 가장자리가
둥근 다섯 개의 열편으로 나뉘어 있어서
꼭 다섯 손가락 같아요.
무화과는 8~9월에 다
익으면 물렁물렁해지고
보라색을 띠어요.
이 부분이
무화과의
꼭지예요.
무화과의 껍질 안에는
당과 단백질이 풍부한
빨간색의 과육이 들어
있어요.
가지를 자르면 흰 액체가 나오는데
부식시키는 성질이 있어요. 이 유액은
티눈이나 사마귀를 낫게 할 수 있어요.

Cupressus sempervirens
쿠프레수스 셈페르비렌스

사이프러스

사이프러스(cypress)는 타오르는 불꽃처럼 언덕 위에 서 있어요. 유명한 토스카나의 사이프러스 길이 떠오르네요. 산불이 나도 사이프러스는 살아남아요. 거센 바람이 불어도 구부러졌다가 다시 일어서요. 섬나라 키프로스가 고향인 사이프러스는 원기둥 모양의 침엽수예요. 뿌리는 목화되어서 단단해요. 그래서 사이프러스는 보기보다 튼튼해요. 향냄새를 풍기는 잎은 늘 푸르러요. 그래서인지 사람들은 이 나무가 영원한 삶을 상징한다고 보고 묘지에 많이 심어요. 하지만 프랑스의 프로방스 지방에서는 문 앞에 삼각형 모양으로 사이프러스 세 그루를 심어요. 환영한다는 표시로요. 우아한 사이프러스 오솔길을 걸을 때는 꽃가루를 조심해요. 알레르기를 일으키니까요.

과
측백나무과

높이
최대 30m

수명
500년

사이프러스의 견과는 열매가 아니라 암컷 구과예요. 여기에는 방이 네 개 있고, 각 방 안에 씨앗이 스무 개 정도씩 들어 있어요.

식물 소방관

사이프러스는 산불이 날 때 미리 그 신호를 알아차려요. 공기 온도가 60도 이상으로 올라가면 나무가 몸속에 있는 인화성 물질을 모두 밖으로 내보내요. 그래서 불이 붙지 않지요.

만능 나무

사람들은 사이프러스를 바람막이로 심거나 예쁜 오솔길을 만들기 위해 심어요. 이탈리아에서는 사이프러스 나무를 사용해서 쳄발로라는 악기와 교황의 관을 만들어요. 잔가지와 열매에서는 정유를 추출하는데, 이 정유는 만병통치약으로 통해요.

잎은 작은 삼각형 모양의
비늘잎으로 이루어져 있어요.
비늘잎들은 서로 겹쳐 있어요.
만지면 의외로 부드럽고
파란색 광택이 나서
인도에서는 '공작 깃털'로
불려요.
'견과'는 작은 달걀 모양이에요.
오각형의 비늘로 덮여 있어요.
비늘은 시간이 갈수록 점점
벌어지다가 2년이 지나면
날개가 달린 씨앗을 내보내요.
성유물을 분석한 과학자들은
예수의 십자가가 사이프러스
나무로 만든 것이라고
주장해요.

Quercus suber
케르쿠스 수베르

코르크나무

과
참나무과

높이
10~15m

수명
150~300년

코르시카섬과 프로방스 지방에는 하나의 왕국이 존재해요. 바로 '가리그(garigue)'라고 불리는 황무지와 그곳에서 자란 수풀이에요. 가리그는 척박하고 산성화된 땅이에요. 이곳의 무더위는 가차 없지요. 그래서 이 땅에서 나무들이 사라졌어요. 코르크나무만 빼고요. 거대한 나무줄기는 구부러져 있고 가지는 울퉁불퉁해서 마치 금방이라도 달려들 듯 웅크리고 있는 선사시대의 괴물처럼 보여요. 부풀어 오른 회색 껍질은 비늘 갑옷처럼 불을 막아줘요. 석회질 토양의 수풀에 봄이 오면 고집쟁이 코르크나무는 허허벌판에서 유일하게 살아남아 초록으로 빛나는 나무가 돼요.

코르크는 오래전부터 포도주병의 마개나 신발 끈을 만드는 데 쓰였어요. 요즘에 코르크 신발 끈이 다시 유행하고 있어요.

코르크층

코르크층으로 만들어진 껍질 덕분에 코르크나무는 지옥 같은 환경에서도 살아남아요. 코르크는 절연재여서 수분 손실을 막아주고 (나무의 살아 있는 부분인) 목질도 산불에 상하지 않게 보호해줘요. 코르크층은 계속 생겨나요.

착취되는 나무

코르크는 가볍고 물, 소음, 충격, 추위, 더위를 막아줘서 건축, 스포츠, 우주산업에 활용되어요. 10년마다 나무에서 코르크층을 꺼내 쓰면 나무는 자신을 보호할 방법이 없어요.

잎은 조금 더 북쪽에서 자라는 낙엽성 참나무 잎과 마찬가지로 갈라지지 않았어요. 작고(3~5센티미터) 질기며 말려 있는 잎의 가장자리에는 작은 가시들이 나 있어요.
잎은 겨우내 아름다운 초록색을 잃지 않아요. 한 번 나면 2~3년 동안 떨어지지 않아요.
아랫면은 부드러운 흰색이에요.
두 개씩 짝지어 열리는 도토리는 반쯤 깍정이로 덮여 있어요. 또 다른 보호 장치예요.
사촌인 상록 참나무(*Quercus ilex*)의 잎과 비슷해서 혼동할 수 있어요. 하지만 두 나무는 한곳에서 동시에 자라지 않아요. 상록 참나무는 석회질을 무척 싫어하거든요.

Olea europaea

올레아 에우로파이아

올리브나무

따가운 햇볕 아래 쩍쩍 갈라지는 땅 위에서 잿빛 줄기를 뻗어 자라는 나무가 있어요. 놀라울 정도로 비틀려 있어서 마치 신성한 불에 탄 모습처럼 보이지요. 겨울이 되면 이 불멸의 나무는 지중해 연안에 사는 주민들에게 신의 선물, 올리브를 선사해요. 사막에서 태어난 올리브나무는 수천 년 전부터 기름을 얻기 위해 재배되었어요. 은빛 가지는 지혜와 평화의 상징이 되었지요. 올리브나무는 사람들이 재배하는 평범한 나무가 아니라 남쪽 사람들이 숭배하는 신비한 나무예요.

과
물푸레나무과

높이
최대 15~20m
(가지치기하지 않았을 때)

수명
수천 년

5월에 올리브나무에 흰 꽃들이 흐드러지게 피어요. 꽃부리는 네 개의 꽃잎으로 이루어져 있고 꽃은 송이로 피어요. 올리브나무는 혼자 생식을 해요. 자가수분을 해도 유전자는 항상 건강해요.

고행자 나무

사하라사막이 원산지인 올리브나무는 잎 덕분에 건조한 지역에서 살아갈 수 있어요. 비가 오면 잎이 길어지면서 물을 저장해요. 건조할 때는 잎이 줄어들면서 숨구멍을 닫아버려요. 그러면 광합성이 멈추지요. 말하자면 여름에 겨울잠을 자는 거예요.

영원한 젊음

올리브나무는 자라는 속도가 아주 느려요. 나무줄기의 목질은 아주 촘촘해서 나이테가 보이지 않아요. 올리브나무는 1백 살이 되어도 청년이에요. 2천 살이나 된 나무도 여전히 열매를 맺을 정도로 혈기 왕성하지요. 3천 살이 넘은 나무들도 있어요.

잎의 윗면은 회녹색이고
아랫면은 은빛이에요. 잎은
질기고 거울처럼 햇빛을
반사해요.
잎은 돌돌 잘 말려요. 중앙에
돌출된 잎맥 때문에 가능한
일이에요.
강한 잎은 겨울에도
떨어지지 않아요.
3년마다 잎이 새로 나고
여름에 떨어져요.
처음에 초록색인 올리브는
가을에 익어요. 12월에
보랏빛이 도는 검은색으로
변했을 때 따서 먹을 수
있어요. 올리브는 핵과예요.

Citrus sinensis
키트루스 시넨시스

당귤나무

프랑스 남쪽의 정원들에서는 짙은 초록색의 둥글고 작은 나무가 매력적인 향기를 뿜어내요. 프랑스 사람들은 '중국 레몬'이라고도 하지만 '스위트오렌지'로 더 잘 알려져 있어요. 기원전 500년 아시아에서 자몽과 귤을 교배해서 만든 당귤나무는 16세기에 대탐험이 시작된 뒤 프랑스로 전해졌어요. 처음에는 왕만 키우는 나무였다가 점점 대중화되었어요. 매끈한 잎, 네롤리 향이 나는 꽃, 비타민이 풍부한 장과 등 당귤나무를 좋아할 이유는 많아요. 하지만 가시는 조심해야 해요.

과
운향과

높이
5~10m

수명
60~100년

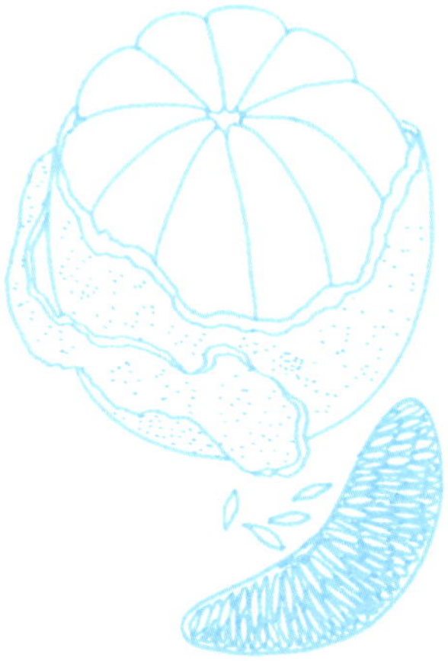

오렌지의 특이한 과육은 맛있는 털로 이루어져 있어요. 열 개의 심피로 나뉜 털이 증식하면서 과육이 두꺼워져요.

달콤하거나 씁쓸하거나

세계에서 가장 많이 재배하는 당귤나무의 열매인 오렌지는 품종이 다양해요(네이블 오렌지, 블러드오렌지, 발렌시아오렌지 등). 쓴맛이 나는 오렌지는 아예 다른 종인 쓴귤에 속해요. 레몬이 쓴귤에 속하는 과일이에요.

재미있는 장과

블루베리나 포도처럼 오렌지도 장과예요. 장과는 씨앗이 많고 과육도 많은 열매예요. 다만 오렌지는 크기가 더 크고 껍질이 두꺼워요. 향유를 분비하는 샘을 감추고 있고 껍질에는 의학적 효능이 있어요.

3월과 4월에 매혹적인 향을
풍기는 흰색 꽃이 만발해요.
열매의 무게를 버텨야
해서 잔가지가 튼튼해요.
초식동물을 막기 위해서
가시가 나 있지요.
오렌지는 9~14개월이
걸려야 다 익어요. 열매는
지난해에 핀 꽃에서
나오는 거예요. 품종에
따라 수확기는 11월에서
7월까지 달라져요.
잎은 튼튼하고 타원형에
짙은 초록색이에요.
표면이 매끈해서 예뻐요.

산

"소나무에 걸린 달을 따서

더 잘 바라보다."

_다치바나 호쿠시

Abies alba
아비에스 알바

유럽전나무

낮이 짧아지고 추위가 찾아오면 산에는 왕이 군림해요. 유럽에서 가장 키가 큰 나무인 유럽전나무는 피레네 산맥에서 보주 산맥과 알프스 산맥을 거쳐 카르파티아 산맥까지 험준하고 그늘진 경사면에 자신의 짙은 초록색 외투를 드리워요. 프랑스에서는 '흰 소나무'라고 부르는데, 그건 머리부터 발끝까지 쌓이는 눈 때문이 아니라 나무줄기가 은색이기 때문이에요. 수관은 하늘 높이 솟았고 가지는 옆으로 뻗어 있어서 마치 십자가처럼 보여요. 이 거인 나무는 크리스마스트리 노릇을 하려 들지는 않아요. 그 역할은 사촌인 코카서스전나무(*Abies nordmanniana*)에 맡겨요.

과
소나무과

높이
최대 70m

수명
600년

통통한 눈은 맛도 있고 치료 효과도 있어요. 오래전부터 기침을 잠재우는 시럽, 술, 잼 등을 만드는 데 쓰였어요.

숲을 지배하는 왕

독일가문비나무와 혼동하지 말아요. 원추형 몸매를 가지고 있기는 해도 유럽전나무는 황새 둥지 모양의 수관이 특징이에요. 나이가 들면 모양이 납작해져요. 그러면 곧은 가지가 더 눈에 띄지요.

월동 준비

유럽전나무의 바늘잎에는 동결을 막는 성분이 들어 있어요. 두꺼운 밀랍층으로 뒤덮여 있기도 하고요. 밀랍층에는 구멍이 나 있어서 공기가 잘 통하면서도 수분을 잃지 않게 해줘요. 그렇게 해서 땅속의 물이 얼어도 버틸 수 있어요.

바늘잎은 납작하고
끝부분이 둥글어요. 그래서
가문비나무와 달리 따갑지
않아요.
잔가지 양쪽으로 잎이 나는데,
빗살 모양으로 배열되어요.
그래서 눈의 무게를 잘
지탱하지요.
아랫면에는 흰 줄이 두 개 있어요.
이 줄은 나무가 숨을 쉬는
숨구멍이에요.
구과는 양초처럼
위로 솟은 모양이에요.
열매를 뒤덮은 비늘 위로
작은 포엽들이 솟아 있어요.
완전히 익으면 벌어지지만
떨어지지는 않아요.

Picea abies
피케아 아비에스

독일가문비나무

아, 드디어 나왔군요. 우리의 크리스마스트리가요. 독일가문비나무는 각 가정의 거실에서 뾰족한 나무줄기를 뻗으며 송진 냄새를 뿜어내요. 야생에서 자라는 가문비나무는 추위에 강해요. 3,000미터의 고산 지대에서도 잘 자라지요. 날씬한 원추형 몸매에 곧게 뻗은 적갈색 나무줄기를 가진 독일가문비나무는 추위와 눈, 길고 긴 겨울밤을 미동도 하지 않고 잘 견뎌요. 적은 단 하나예요. 바로 바람이지요. 매서운 바람이 불면 뿌리째 뽑히기도 하니까요.

과
소나무과

높이
10~40m
(야생에서)

수명
500년

나이가 들면 잎이 듬성듬성해져요. 꼭대기까지 줄기가 곧게 뻗어서 전나무와 달리 항상 잘 보이죠.

주름진 옷을 입은 나무

전나무보다 짧은 가지는 겨울에 땅을 향해 늘어져 있어요. 기왓장처럼 겹쳐 있어서 눈과 서리의 무게를 잘 견뎌요. 그래서 주름진 옷을 입은 것처럼 보여요.

진동하는 향

아주 강한 향이 바늘잎에서 나요. 잎에 세균을 죽이는 페놀 성분이 많이 들어 있어서 그래요. 이것으로 해충을 물리칠 수도 있어요. 페놀로도 모자라면 해충을 송진 방울 속에 가둬버려요.

희고 반짝이는 목질은 인기 좋은 상품이에요.
독일가문비나무의 바늘잎을 짓이겨서 세균이 들어 있는 물 한 방울에 섞었더니 1초도 안 돼서 세균이 죽었다는 실험 결과가 있어요.
바늘잎은 잔가지를 둘러싸며 빗처럼 나 있어요. 따가우니까 조심해요.
구과는 거꾸로 매달려 있어요. 크고 딱딱하지만 얇은 비늘에 뒤덮여 있어요. 열매가 다 익으면 비늘이 벌어지면서 씨앗이 땅으로 떨어져요.

Larix decidua
라릭스 데키두아

잎갈나무

이제 식물이 줄어드는 곳으로 더 높이 올라가볼까요? 높은 절벽 위에 하늘하늘한 몸매를 자랑하는 잎갈나무가 보이네요. 잎갈나무는 머리를 해로 향하고 발은 시원한 곳에 두는 걸 좋아해요. 두꺼운 나무줄기는 척박한 땅에서만 잘 자라고 바늘잎도 많이 나요. 침엽수 중에서는 유일하게 겨울에 잎을 모두 떨구어요. 추위에 더 잘 견디려는 전략이에요. 봄이면 잎이 다시 자라요. 전나무와 가문비나무보다 더 밝은색 잎들이 산봉우리의 분위기를 밝게 해주지요. 가을에는 잎이 황금색으로 물들어요. 멋지죠?

과
소나무과

높이
20~40m

수명
600년

전나무와 가문비나무처럼 잎갈나무도 봄에 두 가지 구과를 맺어요. 작고 노란 수컷 열매와 선명한 분홍색의 암컷 열매지요. 카니발 축제에서 볼 수 있는 술 장식처럼 생겼어요.

이로운 선구자

가축을 키우느라 풀이 적어진 고지 목장에 잎갈나무를 심어요. 몇 년 뒤에 잎갈나무 덕택에 다른 침엽수들이 자라고 숲도 다시 생겨요. 평야에서도 척박해진 땅을 회복시키는 데 잎갈나무를 이용해요.

산에서 자라는 참나무

프랑스에서는 썩지 않고 오래 가서 '산에서 자라는 참나무'라는 별명을 얻었어요. 잎갈나무로 고지대의 산장, 창고, 양 목장 등의 지붕을 덮는 지붕널을 만드는 데 쓰여요.

선명한 분홍색의 암컷
구과는 수분이 되면
갈색으로 변해요. 작은
타원형의 구과는 길이가
4센티미터예요.
바늘잎은 로제트
형태로 배열되어요.
작고 예쁜 술 장식
같아요.
예쁜 연두색 잎은
따갑지 않고
부드러워요.
빛을 통과시키는 것도
바늘잎의 장점이에요.
잎갈나무 밑에는 그늘이
지는 법이 없지요.

Acer pseudoplatanus
아케르 프세우도플라타누스

개버즘단풍나무

이제 고도 900~1,500미터로 내려와봐요. 구과를 맺는 나무들은 이곳에서 추위를 겁내지 않는 활엽수를 만나요. 우리의 시선을 끄는 나무가 있네요. 호리호리하지만 둥글기도 한 개버즘단풍나무예요. 환절기에 적갈색으로 물드는 잎들이 부채꼴 모양으로 자라서 아주 멋있어요. 프랑스에서는 도시뿐만 아니라 마시프상트랄과 북쪽의 평야에서도 볼 수 있어요. 북쪽에서는 주로 목질을 얻으려고 개버즘단풍나무를 재배하지요. 하지만 너도밤나무와 전나무의 그늘이 있는 산에서 가장 매력이 넘쳐요.

과
단풍나무과

높이
최대 40m

수명
500년

프랑스에서는 두 개의 단풍나무 종이 널리 퍼져 있어요. 개버즘단풍나무와는 잎 모양과 시과의 크기로 구분해요.

국제적인 나무

개버즘단풍나무는 사실 유럽이 고향이에요. 퀘벡에서 자라는 설탕단풍나무가 그 사촌이지요. 노르웨이단풍나무, 꽃단풍, 고로쇠나무, 참단풍 등 단풍나무는 그 종류가 많아요. 초록색이나 보라색 잎이 나는 단풍나무는 150종 정도 되고 프랑스에도 여러 종이 서식해요.

가짜 플라타너스

회색의 매끄러운 껍질과 오리발처럼 갈라진 잎 때문에 가짜 플라타너스라는 별명을 얻었어요. 하지만 나이가 들면 줄기가 붉어지고 비늘도 생겨요. 날개가 달린 열매도 플라타너스와 다른 점이에요.

'헬리콥터'라는 별명을 가진
열매는 두 개가 짝지어 있어요.
가지에서 떨어져 나가면
빙글빙글 돌면서
떨어져요.
잎은 아주 긴 잎자루로
가지와 연결되어 있어요.
특이하게도 잎자루가
빨간색이에요.
여름에는 짙은
초록색이고
봄과 가을에는
빨간색이에요.
빨간색 염료 덕분에
추위를 이길 수
있어요.
잎은 가장자리가 둥근 톱니 모양인
열편 다섯 개로 이루어졌어요.
플라타너스의 잎과는 많이 닮지
않았고, 오히려 아프리카에서 많이
자라는 돌무화과나무 잎과 더
비슷해요.

Pinus sylvestris

피누스 실베스트리스

구주소나무

산악 지대의 그늘진 경사면이 전나무의 왕국이라면 햇살이 비추는 경사면은 소나무의 왕국이에요. 소나무라도 평범한 소나무가 아니에요. 유럽에서 가장 키가 큰 소나무지요. 주황색 줄기 끝에 청록색 바늘잎이 모여 있어요. 구주소나무는 겉모습만 대단한 게 아니라 영향력도 큰 나무예요. 봄에는 꽃가루를 구름떼처럼 뿌리고, 여름에는 향이 진동해요. 가을이면 열매를 돈다발처럼 뿌리지요. 유럽 남부 사람처럼 거드름을 피우는 것 같아도 사실 구주소나무의 고향은 북극권이에요. 거드름을 피울 만하지요? 진정한 생존자니까요.

과
소나무과

높이
최대 50m

수명
150~200년

구주소나무의 구과는 작은 크기(3~7센티미터)와 넓게 벌어진 비늘이 특징이에요. 몸집보다 세 배나 큰 날개를 단 씨앗을 날려 보내요. 큰 날개는 멀리까지 날아가는 데 도움이 되지요.

무적의 나무

강한 추위, 폭풍우, 가뭄에도 구주소나무는 끄떡없어요. 아마 서식하는 환경의 차이가 유럽에서 가장 큰 나무일 거예요. 시베리아에도 살지만 에스파냐의 산맥에서도 자라니까요. 또 숲을 조성하기 위해 평야에도 심지요. 구주소나무가 없는 곳은 없어요.

큰 버팀목

구주소나무가 굳건히 서 있는 건 나무줄기 때문이에요. 줄기가 길고 쓸데없는 가지도 없어서 바람에 강해요. 줄기를 보호하기 위해 비늘도 거의 새로 나지 않고(그래서 질기고 헐벗은 것처럼 보여요) 송진도 많이 분비하지 않아요.

초봄에 꽃을 피워요. 수컷 구과는 샛노란색이라 아주 예뻐요. 여기서 꽃가루가 아주 많이 나오지요. 암컷 구과는 그다음에 열리고 자가수분을 할 줄 몰라요.
두껍고 밧줄처럼 꼬인 바늘잎은 두 개씩 짝지어 자라요. 바늘잎을 보호하는 밀랍 때문에 파란색에 가까운 초록색을 띠어요.
바늘잎에서 분비된 테르펜은 주변을 소독하는 역할을 해요. 주변 공기 중에 살아남는 바이러스가 없어요.
껍질에서 분비되는 송진도 강력한 살균제예요. 의료용으로 사용하는 테레벤틴을 여기서 추출해요.

Ilex aquifolium
일렉스 아퀴폴리움

홀리

12월이 오면 산 밑자락을 감싸는 안개 낀 초목 숲에 헐벗은 활엽수들이 초라하게 서 있어요. 그런데 그 나무들 사이에 아직 초록 옷을 벗지 않은 수풀이 보여요. 진홍빛 열매로 예쁘게 장식된 나무들이 우리를 황홀하게 만들지요. 홀리(holly)는 고대부터 겨울에 마음이 가라앉은 우리를 기쁘게 해줘요. 자연이 잠들어 있는 겨울에 생명의 끈질김을 상징하는 이 작은 나무는 줄기가 검고 늘 그늘에서 천천히 자라요. 여름에는 거의 눈에 띄지 않다가 겨울이 되면 보란 듯이 모습을 뽐내지요. 가지를 잘라서 집을 꾸며도 괜찮아요. 멸종 위기종은 아니니까요.

과
감탕나무과

높이
주로 4~6m
(최고 기록: 20m)

수명
300년

잎이 항상 뾰족하지는 않아요. 한 나무에서 모양이 다른 잎들이 자라요. 낮은 가지에는 주로 뾰족한 잎이 달려요. 초식동물로부터 몸을 보호하기 위해서예요.

독성이 많지 않아요

열매와 잎에는 알칼로이드가 들어 있어요. 독성이 조금 있어서 먹으면 구토가 나요. 겨울에는 이 열매 덕분에 많은 새가 버틸 수 있어요.

홀리 숲, 할리우드

유럽이 원산지인 이 나무는 전 세계에 빠르게 퍼졌어요. 정원, 숲, 언덕 등 홀리는 어디에서나 잘 자라서 침입종이 될 수도 있어요. 미국의 서부 해안에는 홀리 숲이 있어요. 영어로 '할리우드(Hollly wood)'라고 하지요.

이 나무는 침엽수가 대세인
북반구(알래스카까지)에서도
잘 자라는 유일한 활엽수예요.
암나무만 열매를 맺어요.
열매는 핵과예요. 작은
크기의 씨가 2~4개 들어
있어요.
가장자리가 뾰족한
가시 모양인 작은 잎은
두꺼운 밀랍층으로
덮여 있어서 윤기가
나요.
초록색이었다가 익으면서
노랗고 새빨간 색으로
변하는 열매는 겨우내 예쁜
장식 역할을 해요.

알아두면 유용한 용어

교배종
두 개 이상의 서로 다른 품종을 교배해서 얻은 새로운 종.

구과
침엽수의 생식기관을 가리킬 수도 있고 원추형 모양의 열매를 뜻하기도 한다.

기공
잎의 뒷면에 있는 작은 숨구멍. 이 구멍을 통해 공기 교환과 수분 증발이 일어난다.

깍정이
비늘이나 가시로 뒤덮인 작은 주머니로 열매나 꽃을 보호하는 역할을 한다.

껍질눈
나무줄기의 껍질이나 뿌리에 생기는 작은 렌즈 모양의 구멍이나 관. 껍질눈으로 숨을 쉰다.

꽃자루
꽃, 꽃차례, 열매를 지탱하는 줄기로 이어지는 꽃의 부분.

도장지
밑동이나 줄기에서 나오는 햇가지.

떡잎
씨앗에 들어 있는 발아 이전의 잎. 양분을 저장한다.

미상꽃차례
일부 나무의 수꽃 또는 암꽃들이 부드럽게 밑으로 늘어지는 꽃차례.

밀추꽃차례
여러 개의 두상꽃차례가 송이로 배열된 꽃차례.

백목질
나무줄기의 껍질 밑에 수액이 흐르는 부드럽고 흰 부분.

복엽
한 개의 잎자루에 붙어 있는 여러 개의 작은잎으로 이루어진 잎.

산방꽃차례
납작한 송이 모양의 꽃차례. 꽃자루는 줄기에 여러 층으로 나고 줄기 끝부분에서 평평한 두상을 이룬다.

산형꽃차례
부채나 구 모양의 꽃차례.

송진
스스로를 보호하기 위해 식물이 분비하는 끈적한 액체.

수과
껍질이 마른 열매. 그래서 익은 뒤에도 벌어지지 않는다. 씨앗은 한 개이고 내피와 분리되어 있다. 예: 참나무의 열매, 호두.

수관
가지와 잎이 달린 나무의 윗부분.

시과
얇은 막으로 이루어진 날개를 단 수과.

심재
수액이 흐르지 않는 딱딱한 목질. 나무줄기의 중심부.

알칼로이드
식물성 성분으로 인체에 흡수되었을 때 독성을 보이거나 치료 효과를 보인다.

열편
잎이 둥글고 깊지 않게 갈라진 부분.

원추꽃차례
듬성듬성한 송이로 배열된 꽃차례.

유관속형성층
껍질 바로 밑에 있는 얇은 세포층('제2의 껍질'로 불린다)으로 목질을 만든다.

잎맥
잎 표면에서 수액을 운반하는 관.

잎몸
잎자루 끝에서 시작되는 잎사귀 전체.

잎자루
잎을 잔가지에 연결하는 잎의 부분.

작은잎
복엽을 이루는 하나하나의 잎조각.

장상복엽
끝이 둥글게 갈라지고 잎의 중심부까지는 갈라지지 않은 열편으로 이루어진 잎. 방사형으로 뻗은 잎.

취산꽃차례
꽃내 끝에 한 개의 꽃이 피고 그 주위에 작은 꽃이 피는 꽃차례. 작은 꽃들의 수는 다양하다.

핵과
씨가 중앙에 한 개 있고 과육이 많은 열매.

옮긴이의 글

지금 창밖을 내다봅시다. 무엇이 보이나요? 높은 빌딩, 도로 위를 달리는 자동차, 바쁘게 어디론가 향하는 사람들이 보이나요? 그렇다면 다시 한번 창밖을 내다봅시다. 도시인들에게 산소와 그늘을 제공하는 나무들이 이제는 보이나요? 이것은 『랩걸』의 저자 호프 자런이 독자에게 제안한 생각거리입니다. 인간은 "식물에 둘러싸여 살고 있지만 그것을 잘 보지 못한다"라고 하면서 말이지요.

나무는 사억 년 전에 나타났으니 인간보다 오래 지구에 살았고, 백 년 넘게 사는 나무가 수두룩하니 인간보다 수명도 깁니다. 그 종류도 무척 많아서 인간들 틈에 나무가 사는 것이 아니라 나무들 틈에 인간이 사는 것이라고 할 수 있습니다. 들판, 도시, 숲 등 나무는 세상 어느 곳에나 자랍니다.

그중에서도 현대인들이 나무를 가장 쉽게 접할 수 있는 장소는 도시와 정원일 것입니다. 도시의 가로수가 되려면 몇 가지 조건을 갖추어야 합니다. 도시의 기후와 풍토에 적합해야 할 뿐만 아니라 플라타너스처럼 잎이 넓어서 자동차 소음과 매연을 막아주어야 합니다. 또 도시의 열기, 병충해에 강해야 하고, 경관 등을 이유로 가지를 잘라낼 때 견디는 힘이 있어야 합니다. 또 인간에게 해로운 물질을 만들면 안 됩니다. 은행나무가 열매를 맺을 때면 고약한 냄새가

"나무는 땅에 뿌리를 박고 서 있으므로
자기가 자라는 서식처와 불가분의 관계일 수밖에 없다."
호프 자런

나서 아예 열매를 맺지 않는 수나무를 심거나 나무 밑에 은행이 떨어지도록 그물망을 설치하기도 합니다.

어쩐지 모두 인간 중심이지요? 인간은 경제 성장을 이유로 나무를 이용하기만 하니까요. 해마다 산림벌채로 사라지는 숲의 면적이 엄청납니다. 나무는 인간에게 유용한 물질을 제공하는데 말이지요. 암세포를 죽이는 물질을 만들어내는 서양주목처럼요. 그뿐만이 아닙니다. 너도밤나무가 인간보다 더 인간적인 걸 아나요? 큰 나무가 작은 나무에 양분을 주기도 하고 건강한 나무가 힘이 모자란 나무를 돌보기도 합니다. 인간은 지구의 선배인 나무로부터 많은 것을 배워야 하지 않을까요?

『나무의 자리』는 원래 프랑스에서 가장 많이 자라는 나무 37종을 소개한 책입니다. 하지만 여행이나 영상, 예술 작품 등을 통해 한국 독자에게도 대부분 친숙한 나무들이어서 어렵지 않게 읽을 수 있는 책입니다. 레아 모프티의 삽화는 본인도 인정하듯이 마티스의 색채와 선을 많이 닮아서 보는 즐거움을 더합니다.

2023년 2월

권지현